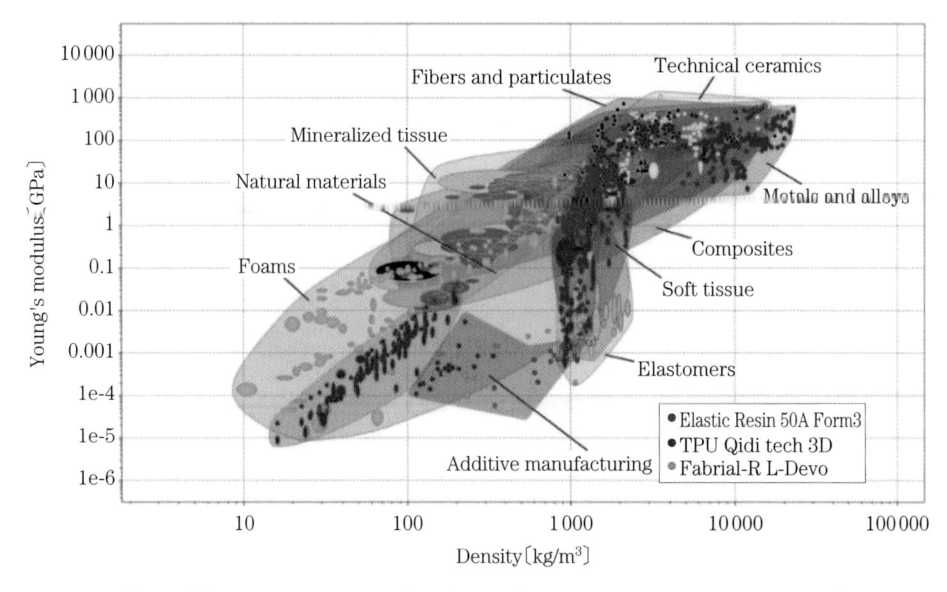

口絵 1　例としてAshby Mapにプロットされたアーキテクテッドマテリアルの一部〔図版作成：岡崎太祐（慶應義塾大学SFC田中浩也研究室）〕（22ページ，図1.16）

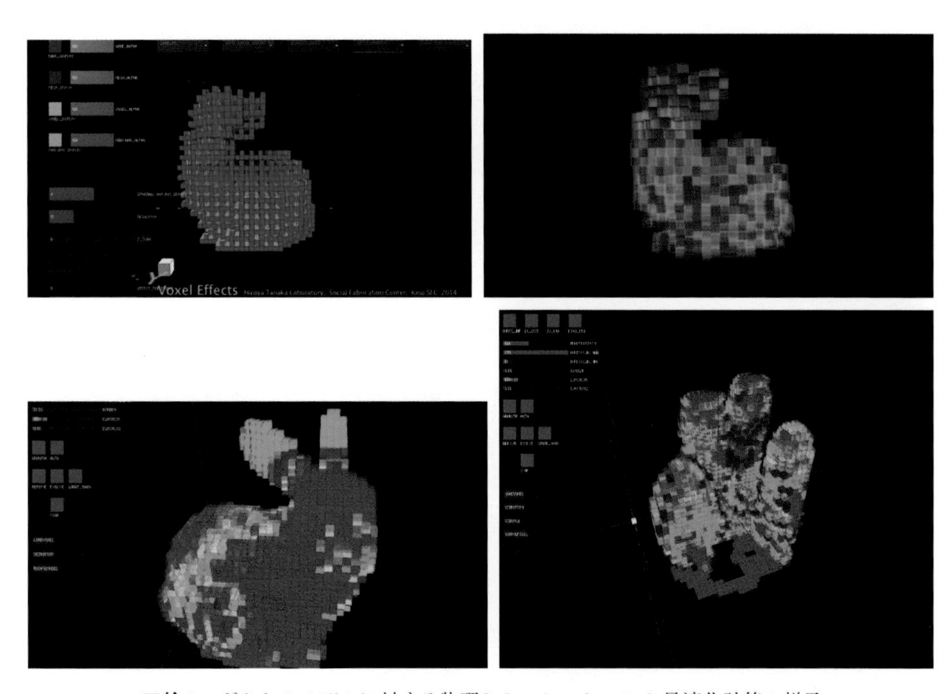

口絵 2　ボクセルモデルに対する物理シミュレーションや最適化計算の様子（24ページ，コラム内の図）

口絵 3　人工的に島をつくり出すプロジェクト「Growing Islands」〔提供：Self-Assembly Lab, MIT + Invena〕（30 ページ，図 1.22(c)）

口絵 4　菌糸ブロックを組み立てた菌糸ドーム〔提供：鳥居巧，知念司泰，大村まゆ記（慶應義塾大学 SFC 田中浩也研究室）〕（34 ページ，図 1.26（c））

(a)　外　　観

(b)　内　　部

ユニットの加築と減築が可能で，つねに適切な規模を維持することができる。

口絵 5　多種多様なパネルが貼られた木質ユニットが組み立てられて生まれる建築設計の例〔提供：大成建設株式会社 設計本部 先端デザイン室〕（41 ページ，図 1.32）

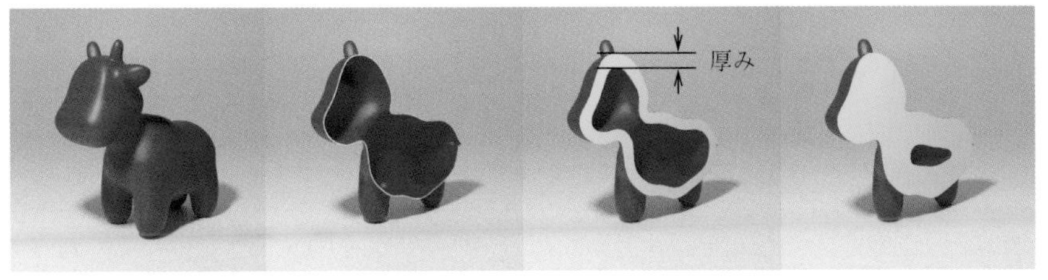

表面の厚みを設計変数とすると，壊れやすさと重さとの間にトレードオフの関係がある。

口絵 6　3D プリントする形状の内部構造の設計（59 ページ，図 2.10）

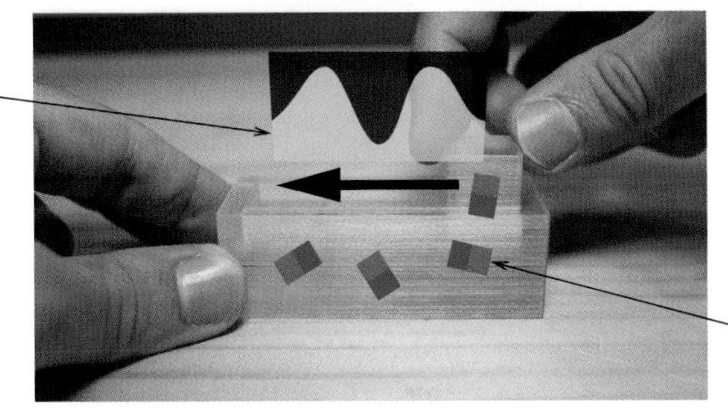

力覚曲線は，可動部を動かしたときにあたかもその曲線のような
山や谷があるかのような力覚を与えることを表す。

口絵 7　デジタルファブリケーションによって出力したスライダなどの物理インタフェースに永久磁石を埋め込むことによる力覚提示[13]（69 ページ，図 2.16）

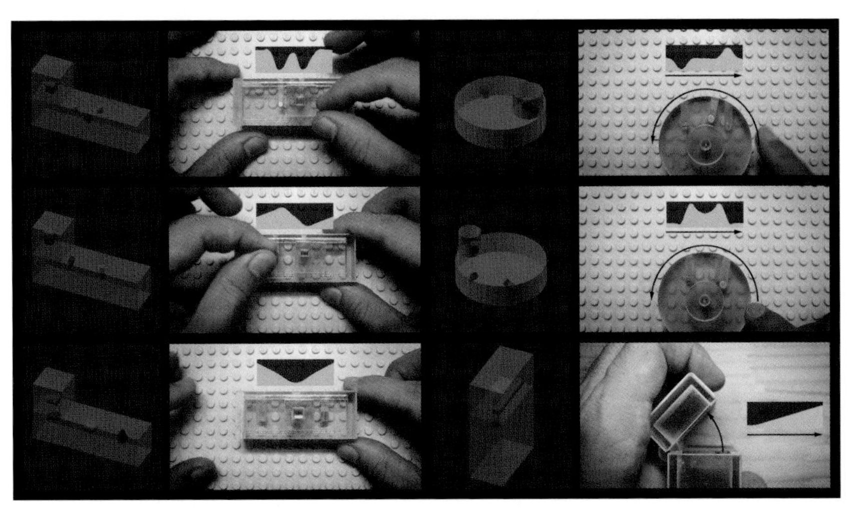

口絵 8　磁石による力覚を埋め込んださまざまなデジタルファブリケーション例（スライダ，ダイヤル，蓋付きの小物ケース）[13]（71 ページ，図 2.17）

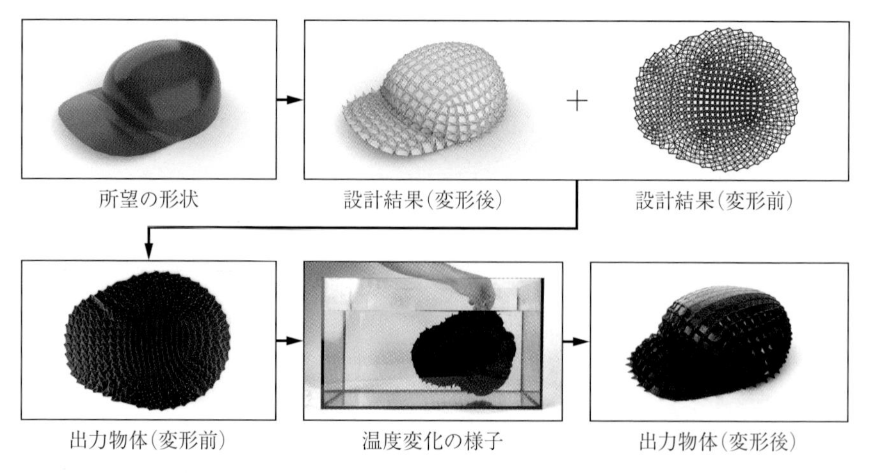

製造直後は平面形状だが, 温水によって熱を与えることで所望の立体形状へ変形する。

口絵 9　4D プリントを用いた帽子の作例[32]〔画像提供：鳴海紘也〕
（79 ページ，図 2.21）

(a)　Dynablockで出力されたブロック

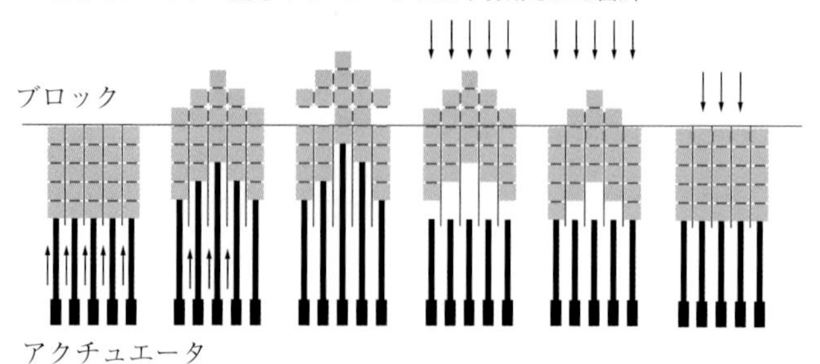

(b)　動作原理

口絵 10　Dynablock[24] で出力されたブロックとその動作原理
（106 ページ，図 3.13）

（a） 柄で食べごろや危険を教えてくれるりんご

（b） スープでしだいに変形するフォーク

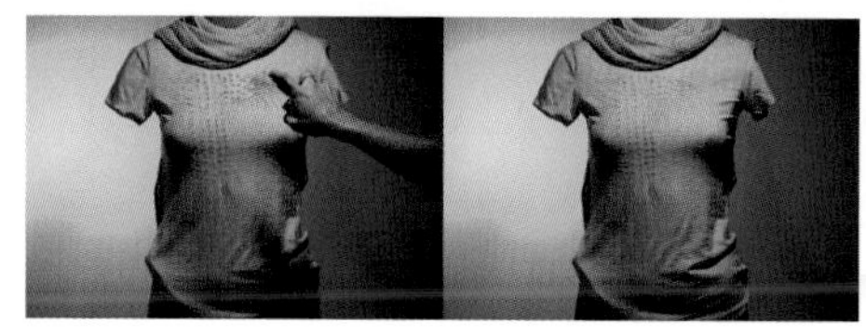

（c） 汗などの状態に反応して柄や香りが変わるTシャツ

（d） 雨の酸性度を可視化する傘

口絵 11 Organic Primitives で作成したプロトタイプ[26)]
〔提供：Virj Kan〕（108 ページ，図 3.14）

（a） Paper Printingでつくられた紙の例

（b） 造 形 装 置

口絵 12 Paper Printing[31)] でつくられた紙の例と造形装置（114 ページ，図 3.18）

口絵 13 Coworo[50)]（119 ページ，図 3.19）

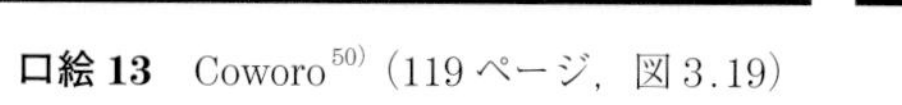

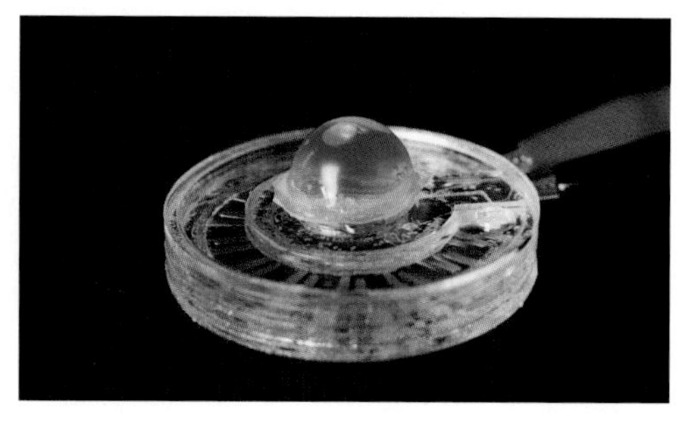

口絵 14 LayerPump[52)]（122 ページ，図 3.20）

口絵 15　COLORISE[53)]
（123 ページ，図 3.21）

口絵 16　Luciola[56)]
（125 ページ，図 3.23）

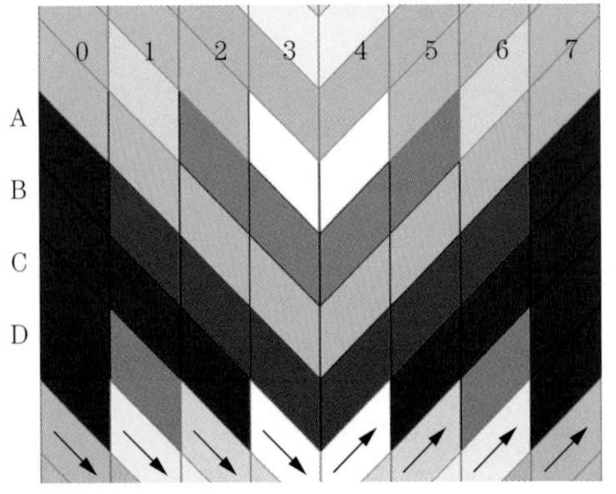

(a)　システムでのデザイン

(b)　実際に織った様子

口絵 17　カード織りデザイン支援システム Weavy[16)]
（156 ページ，図 4.32）

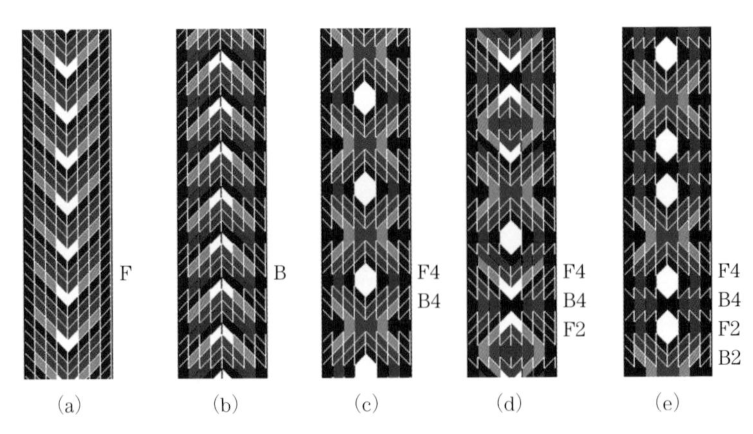

口絵 18　カードを回転する方向によって図柄が異なることを
あらかじめシステムで確認可能（156 ページ，図 4.33）

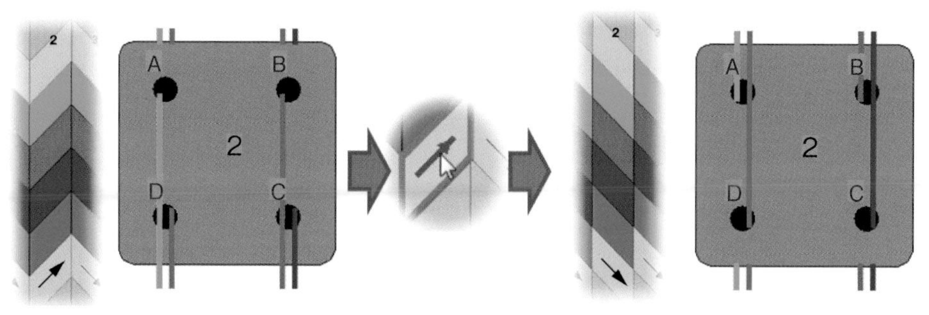

（a） 下から上へ通す　（b） 矢印をクリック　（c） 上から下へ通す

口絵 19 各縦糸のセルのひし形の向きはカードの表側から通すか，裏側から通すかによって決定（156 ページ，図 4.34）

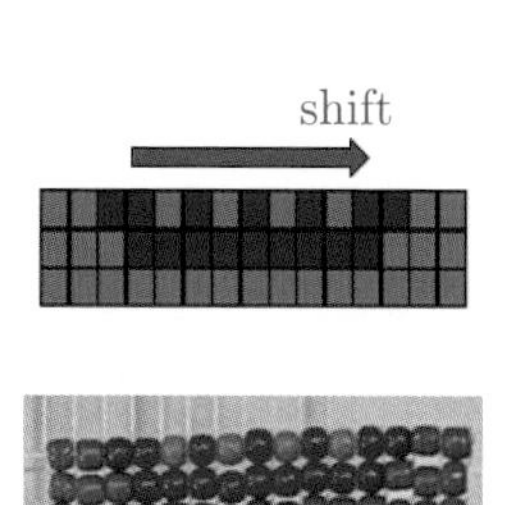

（a） オリジナルデザイン　（b） つくっている最中に右に柄がずれてしまった　（c） その段から上をもとのデザインで製作した様子

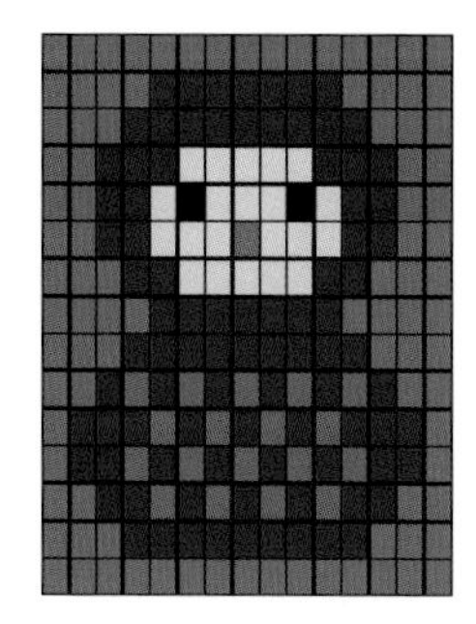

（d） まだつくっていない部分をシステムが自動修正した結果　（e） システムの提案通りにつくり進めた作品

口絵 20 ピクセルアートタイプの手芸設計に対して，下から製作中に間違えてしまったときに，まだつくっていない部分を修正する研究[17]（158 ページ，図 4.36）

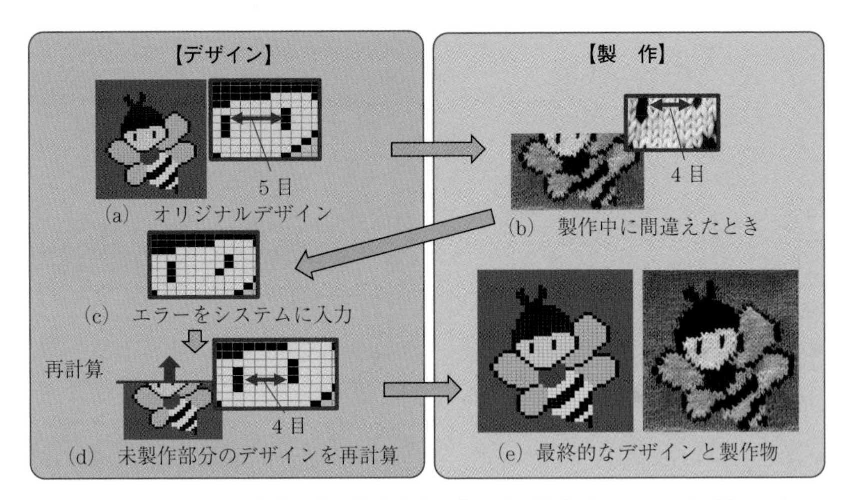

口絵 21　デザインと製作過程の行き来を可能にする技術（159 ページ，図 4.37）

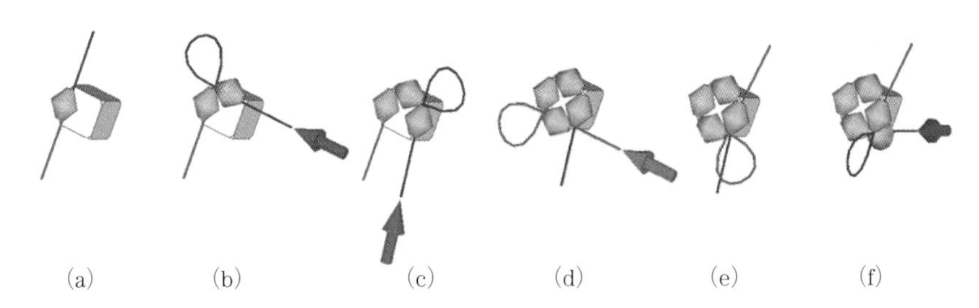

口絵 22　実際に製作するための 3DCG による製作支援（160 ページ，図 4.40）

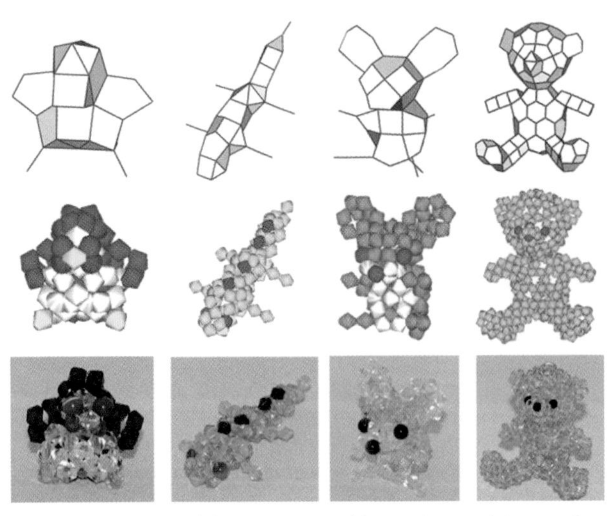

口絵 23　Beady システムでデザインした結果（ビーズの個数別）（162 ページ，図 4.41）

メディアテクノロジーシリーズ　6

デジタルファブリケーションとメディア

三谷　純
【編】

田中浩也・小山裕己・筧　康明・五十嵐悠紀
【共著】

コロナ社

編者・執筆者一覧

編　　者 三谷　　純
執 筆 者（執筆順）
田中　浩也（1章）　小山　裕己（2章）
筧　　康明（3章）　五十嵐悠紀（4章）

刊行のことば

“Media Technology as an Extension of the Human Body and the Intelligence”

「メディアはメッセージである（The medium is the message)」というマクルーハン（Marshall McLuhan）の言葉は，多くの人々によって引用される大変有名な言葉である。情報科学や情報工学が発展し，メディア学が提唱されたことでメディアの重要性が認識されてきた。このような中で，マクルーハンのこの言葉は，つねに議論され，メディア学のあるべき姿を求めてきたといえる。

人間の知的コミュニケーションを助けることができるメディアは生きていくうえで欠かせない。このようなメディアは人と人との関係をより良くし，視野を広げ，新しい考え方に目を向けるきっかけを与えてくれる。

また，マクルーハンは「メディアはマッサージである（The medium is the massage)」ともいっている。マッサージは疲れた体をもみほぐし，心もリラックスさせるが，メディアは凝り固まった頭にさまざまな情報を与え，考え方を広げる可能性があるため，マッサージという言葉はメディアの特徴を表しているともいえるだろう。

さらにマクルーハンは“人間の身体を拡張するテクノロジー”としてメディアをとらえ，人間の感覚や身体的な能力を変化させ，社会との関わりについて述べている。現在，メディアは社会，生活のあらゆる場面に存在し，五感を通してさまざまな刺激を与え，多くの技術が社会生活を豊かにしている。つまり，この身体拡張に加え，人工知能技術の発展によって“知能拡張”がメディアテクノロジーの重要な役割を持つと考えられる。このために物理的な身体と情報や知識を扱う知能を融合した“人間の身体と知能を拡張するメディアテクノロジー”を提案・開発し，これらの技術を活用して社会の構造や仕組みを変革し，どのような人にとっても住みやすく，生活しやすい社会を目指すことが望まれている。

一方，大学におけるメディア学の教育は，東京工科大学が1999年にメディア学部を設置して以来，全国の大学でメディア関連の学部や学科が設置され文理芸分野を融合した多様な教育内容が提供されている。その体系化が期待されメディア学に関する教科書としてコロナ社から「メディア学大系」が発刊された。この第一巻の『改訂メディア学入門』には，メディアの基本モデルの構成として「情報の送り手，伝達対象となる情報の内容（コンテンツ），伝達媒体となる情報の形式（コンテナ），伝達形式としての情報の提示手段（コンベア），情報の受け手」と書かれている。これからわかるようにメディアの基本モデルには文理芸に関連する多様な内容が含まれている。

メディア教育が本格的に開始され20年を過ぎるいま，多くの分野でメディア学のより高度で急速な展開が見られる。文理芸の融合による総合知によって人間生活や社会を理解し，より良い社会を築くことが必要である。

そこで，このメディア分野の研究に関わる大学生，大学院生，さらには社会人の学修のため「メディアテクノロジーシリーズ」を計画した。本シリーズは“人間の身体と知能を拡張するメディアテクノロジー”を基礎として，コンテンツ，コンテナ，コンベアに関する技術を扱う。そして各分野における基本的なメディア技術，最近の研究内容の位置づけや今後の展開，この分野の研究をするために必要な手法や技術を概観できるようにまとめた。本シリーズがメディア学で扱う対象や領域を発展させ，将来の社会や生活において必要なメディアテクノロジーの活用方法を見出す手助けとなることを期待する。

本シリーズの多様で広範囲なメディア学分野をカバーするために，電子情報通信学会，情報処理学会，人工知能学会，日本ソフトウェア科学会，日本バーチャルリアリティ学会，ヒューマンインタフェース学会，日本データベース学会，映像情報メディア学会，可視化情報学会，画像電子学会，日本音響学会，芸術科学会，日本図学会，日本デジタルゲーム学会，ADADA Japan などにおいて第一線で活躍している研究者の方々に編集委員をお願いし，各巻の執筆者選定，目次構成，執筆内容など検討を重ねてきた。

本シリーズの読者が，新たなメディア分野を開拓する技術者，クリエイター，研究者となり，新たなメディア社会の構築のために活躍されることを期待するとともにメディアテクノロジーの発展によって世界の人達との交流が進み相互理解が促進され，平和な世界へ貢献できることを願っている。

2023 年 5 月

編集委員長　近藤邦雄

編集幹事　伊藤貴之

表紙・カバーデザインについて

私たちは五感というメディアを介して世界を知覚し，自己の存在を認知することができます。メディア技術の進歩によって五感が拡張され続ける中，「人」はなにをもって「人」と呼べるのか，そんな根源的な問いに対する議論が絶えません。

本書の表紙・カバーデザインでは，二値化された五感が新しい機能や価値を再構築する様子をシンプルなストライプ柄によって表現しました。それぞれのストライプは 5 本のゆらぎを持った線によって描かれており，手描きのような印象を残しました。

しかし，この細かなゆらぎもプログラム制御によって生成されており，十分に細かく量子化された表現によって「ディジタル」と「アナログ」それぞれの存在がゆらぐ様子を表しています。乱雑に描かれたストライプをよく観察してみてください。本書を手に取った皆さんであれば，きっともう一つ面白いことに気づくでしょう。

デザインを検討するにあたって，同じコンセプトに基づき，いくつかのグラフィックパターンを生成可能なウェブアプリケーションを準備しました。下記 URL にて公開していますので，あなただけのカバーを作ってみてください。読者の数だけカバーデザインが存在するのです。世界はあなたの五感を通じて存在しているのですから。

馬場哲晃

〈**Cover Generator**〉　ぜひお試しください
https://tetsuakibaba.github.io/mtcg/
（2023 年 5 月現在）

ま　え　が　き

私たちの日常生活やビジネス環境におけるデジタル技術の進化には驚くべきものがあります。それは，ものづくりにおいても例外ではありません。特に「デジタルファブリケーション」というデジタルデータをもとに制作を行う技術は，製造からメディア，アートまでの多岐にわたる領域において，大きな変化をもたらしています。本書『デジタルファブリケーションとメディア』では，この新しいものづくりの潮流の起源と，それらを支える技術，そしてその背景にある思想と今後の可能性について詳しく探っていきます。

デジタルファブリケーションの歴史は，コンピュータ支援設計，通称 CAD（computer aided design）の発展とともに始まりました。初期の段階では，大企業や研究機関だけが持つ技術であり，ソフトウェアや製造機器は高価で限定的なものでした。しかし，技術の進化とハードウェアの低価格化に伴い，デジタルファブリケーションは徐々に身近なものとなりました。小規模な工房や教育機関，そして個人の手にもこの技術は渡り，新しいクリエイティブな表現や革新的な製品開発が広がりを見せています。これらはニール・ガーシェンフェルドらが提唱する「パーソナルファブリケーション」といった概念の登場につながり，パソコンやデジタル加工機を利用して『（ほぼ）あらゆるものを』自分でつくる時代の幕を開けることになりました。また，芸術と技術を融合させた現代のアート，「メディアアート」に無くてはならない要素となっています。

本書は，デジタルファブリケーションとメディアを支える技術や概念，応用分野を「離散的設計」「コンピュテーショナルデザイン」「インタラクティブなものづくり」「パーソナルファブリケーション」といった四つに分け，それぞれを独立した章で解説します。

1章では，「デジタル」本来の意味に立ち返り，離散的設計によるものづくりの本質を追求します。広義のデジタルファブリケーションから，デジタルマテリアル，アーキテクティッドマテリアル，セルフアセンブリシステムといった狭義の離散的ものづくりまでを網羅し，最先端の幅広い実例とともに，その意味と意義について議論します。そして，デジタルファブリケーションが地球環境問題に立ち向かうことができる技術でもある可能性を示します。

2章では，コンピュテーショナルデザインを主題とし，従来は属人的であった設計のプロセスを数理的な最適化問題としてモデル化する手法，および数理技術と計算機を駆使することによって，人間の思考力の限界を超えた高度な設計，あるいは効率的な設計プロセスを達成しようとする試みを紹介します。設計を最適化問題の視点から捉えるという姿勢を徹底し，機能性に着目したものづくりを実現するためのアプローチを手描きイラストとともに解説します。

3章では，インタフェース技術やインタラクションデザインの観点からデジタルファブリケーション領域を概観し，その事例や展望を整理して紹介します。その中では，ものの造形だけではなく，センサやアクチュエータと一体化して，形状を動的に制御しインタラクションに用いる研究を複数取り上げます。さらに，形状ディスプレイあるいは形状変化インタフェースと呼ばれる研究領域の兆しや課題について議論し，デジタルファブリケーションおよびメディアアートの未来像を示します。

4章では，ユーザー視点からのデジタルファブリケーションを取り上げ，一般市民が手軽にものづくりに関わることができる社会づくりへの取り組みを紹介します。大量生産された商品の中から自分の欲しいものを選択するのではなく，欲しいものを自分でデザインして使うことが当たり前の世の中になったとき，私たちが自分の欲しいものを設計・制作するために必要な支援ツールのあるべき姿を模索します。

それぞれの章は，各分野の第一線で活躍する著名な研究者が執筆しました。デジタルファブリケーションとメディアという共通のテーマを掲げながらも，それらをどのような視点から捉え，考察するか，そしてどのように整理しまとめるかは執筆者ごとに大いに異なるものとなっています。本書では，このような執筆者ごとの独特なスタイルを統一することをせずに敢えて残すことで，それぞれが長年にわたり取り組んできた研究に基づく深い知識と情熱を感じられるものとなっています。本書を手に取った読者の皆様が，各章を読み進めることで，それぞれの視点や文体の違いを楽しみながら，デジタルファブリケーションの幅広い領域に触れることができることでしょう。さらに，このテクノロジーがメディアやアートの領域にもたらす影響にも，各章ごとに焦点を当てています。デジタル技術を活用した新しいメディアアートの形成，クリエイティブな表現の多様性，そしてその背後にある技術，ときにはその思想について，深く考察しています。

この本がデジタルファブリケーションの奥深い世界を探るきっかけとなり，そしてそれを日常に取り入れ，新しい価値を創出するためのインスピレーションとなることを願っています。最も重要なのは，デジタルファブリケーションがもたらす可能性が，専門家だけでなく，私たち一般の人々にも開かれているということです。私たち一人ひとりが，自らのアイデアを形にし，それを共有するための手段としてこの技術を利用できるのです。

本書が特に適していると読者層としては，3D プリンタやレーザーカッターなどのデジタル加工機を使ったものづくりや，メディアアート，そして新しい技術そのものに興味を持つ学生，研究者，アーティスト，ビジネスの新しい可能性を求める企業家やマーケターなど，幅広い方々が該当します。そして，自らの手で何かをつくり出すことに興味や情熱を持つすべての方々に，本書が有益であると感じていただけると信じています。

デジタルファブリケーションというフィールドは，これからも私たちの生活や文化，ビジネスに大きな影響をもたらし続けるでしょう。新しいデジタル技術と人々の生活との間に生まれる新しいものづくりの姿は，私たちの住む世界を大きく変える可能性を秘めています。本書を通じて，デジタルファブリケーションと新しいメディアの，過去と現在，そして次に来る姿を展望していただければ幸いです。

2024 年 3 月

編者　三谷　純

目　　次

第 1 章
ものの離散化と離散的(ディスクリート)設計の可能性

第2章
出力物体の機能性に着目したコンピュテーショナルデザイン

第 3 章
インタラクティブなものづくり

第4章 パーソナルファブリケーション

†1　本書の書籍詳細ページ（https://www.coronasha.co.jp/np/isbn/9784339013764/）からカラー図面などの補足情報がダウンロードできます。
†2　本書で使用している会社名，製品名は一般に各社の登録商標です。本書では ® や TM は省略しています。
†3　本書で紹介している URL は 2024 年 3 月現在のものです。

第 1 章

ものの離散化と離散的（ディスクリート）設計の可能性

「デジタルファブリケーション」という語には，広義から狭義まで多くの意味が重なっている。広義の意味は「デジタルデータから（限りなく直接的に）ものをつくること」であり，3D プリンタやレーザーカッター，ミシン等のデジタル製造装置がそれを媒介する。この定義は比較的一般化されているといってよい。しかし，さらにより狭義に踏み込めば，「デジタル（digital）」が本来「離散量」という意味を持っていることから，「ものを“離散的（ディスクリート）に”捉え直し，製造すること」と捉えることができる。このことの本質的な意味はまだ一般に広く知られてはいない。

今後気候変動をはじめとする，地球環境の予測不可能な問題が頻発する時代においては，「デジタルファブリケーション」の広義から狭義まで複数の意味を正しく理解することで初めて可能となる，環境問題へ対応したものづくりや，ものの改変を通じた環境への持続的な向き合い方・取組み方を試行していくことが重要である。本章では，そのための概念と思考の道筋を整理していきたい。

1.1 デジタルファブリケーションとは何か

1.1.1 「デジタル」を捉え直す

現代においてもはや「デジタル」は日常語である。「何らかのかたちでコンピュータを使ったものごと」はあまねく「デジタル」と呼ばれており，この言葉を耳にしない日はない。ただ，多少意味にこだわって言葉が使用される場面では，次の三つのような用法があるのではないだろうか[1),†]。

† 肩付きの番号は巻末の引用・参考文献を示す。

① 純粋にバーチャルで，非物質的であるという意味。「物理的」と対置される使用法。「デジタル新聞」など。

② 電子的でコンピュータプログラムで動作するという意味。「機械的」と対置される使用法。「デジタルカメラ」など。

③ 離散的で不連続なユニットからなるという意味。「アナログ（連続的）」と対置される使用法。「デジタル時計」など。

現在のように「デジタル」が広い範囲を包む言葉として使用されるようになったのは，われわれの手にある「デジタルコンピュータ」が，上記①〜③すべての意味を含んでおり，それがそのまま日常化したからだと考えられる。しかし，**「デジタル」という概念を，コンピュータ以外の「もの」に再び照射して，世界を再解釈していく**際には，もう一度①〜③を一つずつに分解して，一つずつ検討していくことも，試してみる価値があるだろう。それぞれの定義を独立に扱い，その意味的組合せを精緻に検討していけば，そこから新たな発想が生まれることもあるからだ。例えば「物理的な形態で存在しながらも（つまり①ではないけれども），②と③の意味ではデジタルな性質を持っている」というような中間領域にあるものは，いったいどのようなものだろう？ このように問うてみることで，これまでにはなかった，新たな世界イメージを獲得する契機になるのではないだろうか（図 **1.1**）。

技術論を一度離れて，世界を再解釈するところから「デジタルファブリケーション」の意義を定義してみるとするならば，それは

「デジタル」の本質的な意味を捉え直しながら，われわれの「ものの解釈」を再び深め，改め，また新たな可能性を開いていく知の営み

と言語化することができる。

本章では，このような「問い」を根底に抱きつつ，よく知られた広義の「デジタルファブリケーション」の定義を再確認することから始めて，順に意味を掘り下げ，より狭義の深層へとその本質に迫っていきたい。

一般的な捉えられ方
「**アナログ**」
↑
中間領域
↓
「**デジタル**」

非物質的	プログラム可能	離散的	
×	×	×	土など
○	×	×	デジタル新聞
×	○	×	デジタル時計
×	×	○	ブロック玩具
○	○	×	デジタルカメラ
×	○	○	プログラマブルマター
○	×	○	ブロックゲームなど
○	○	○	コンピュータ全般

図 1.1　一般的に「アナログ」と呼ばれるものと「デジタル」と呼ばれるものの間にある中間領域

1.1.2　広義のデジタルファブリケーション

一般的によく知られた，「デジタルファブリケーション」の広義の意味は「デジタルデータから（限りなく直接）ものをつくること」であり，3D プリンタやレーザーカッター，ミシン，ロボットアーム等の「デジタル製造装置」がそれを媒介する（図 **1.2**）。

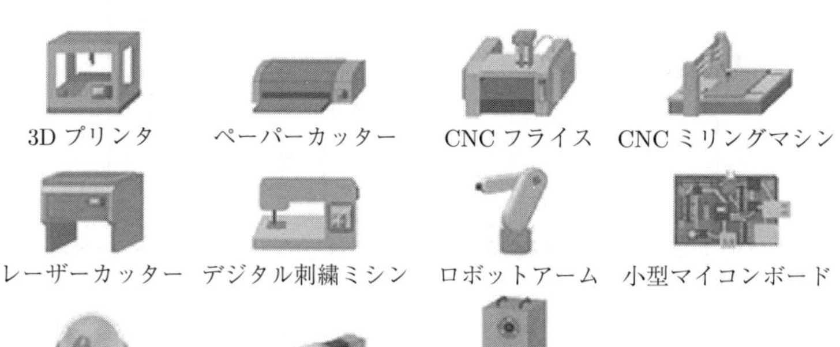

図 1.2　代表的なデジタル製造装置や電子部品[2)]

〔1〕 **従来のもののつくり方**　1990 年代，設計が手描き図面から CAD（computer aided design）に移行して以来 30 年以上が経ち，いまわれわれの身の回りにある大量生産プロダクトの大半は，コンピュータ上で設計されている。その設計図は，デジタルデータとして保管されている。そして，その設計図をもとに物理的なプロダクトが製造されている。われわれが使用者として日々触れているプロダクトの大半は，もとを正せば，「デジタルデータ」がもとになってつくられている。しかし，従来は「デジタルデータ」から「もの（フィジカルオブジェクト）」がつくり出されるまでには，いくつもの工程を経由していた。例えば「型」を削り出して，そこに材料を射出して製造するプラスチック製品や，いくつもの部品に分けて製造して，あとから組み立てる自動車や建築等である（**図 1.3**）。一般に，靴，家電，家具から建築まで，従来の工業社会のもののつくり方は，まず「部品」を製造して，あとから組み立てるという工程を踏んでおり，その工程が効率的に分業化されてきた。

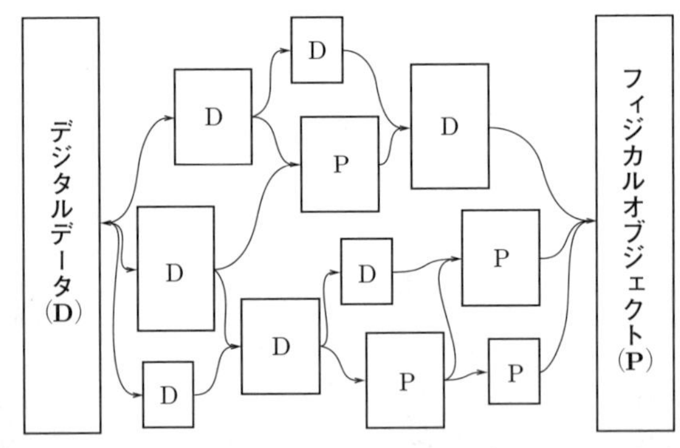

図 1.3　複数の工程から編成される，従来の「もの」のつくり方

〔2〕 **デジタルファブリケーションのもののつくり方**　これに対して，「デジタルファブリケーション」は，デジタルデータからものに至るまでの従来の工程を限りなく「縮約」し，究極的にはデジタルデータから「直接的に」もの（フィジカルオブジェクト）がつくられることを指向する（**図 1.4**）。型をつくることなく直接製品を造形し，部品を統合して一体的に出力できる 3D プリンタはその代表例である。逆に，3D 物体をスキャンすれば，それが直接，次なる

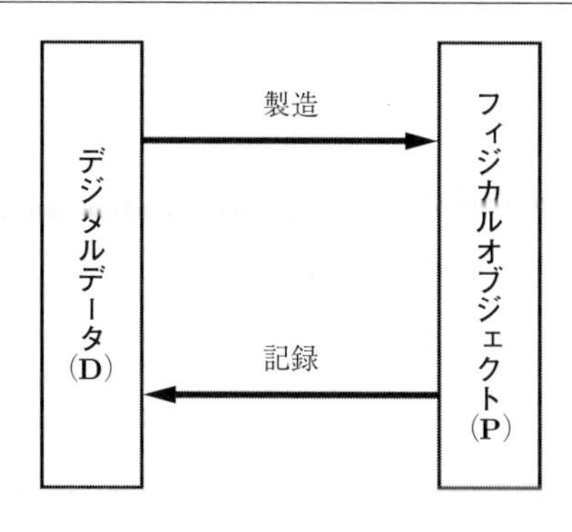

図 1.4　工程が縮約され，デジタルデータから「直接」ものがつくられるデジタルファブリケーションの目指すかたち

3D データをつくるための型であり「設計図」になることも重要である。このような技術によって，デジタルとフィジカルが相互変換的になっていく。

1.1.3　ものづくりの民主化と分散型製造

21 世紀に入り，デジタルファブリケーションが改めて注目されることになった背景には，デジタル工作機器が急速に小型化し，卓上（デスクトップ）サイズという新たなジャンルが生まれたことにも理由がある。その結果，これまで中～大型の工作機械が置かれてきたような「作業室」以外にも，カフェ，図書館，病院など，いろいろな場所で気軽にものをつくれる環境が実現した。こうした動向の中から生まれてきた社会的な動向が「ものづくりの民主化（パーソナルファブリケーション)」である。パーソナルコンピュータとインターネットの普及，そしてデジタル化は総じて，従来は一部のプロフェッショナルに限られていた創造行為や発信行為を一般の人々にも可能にする役割を果たしてきた。写真，グラフィック，音楽，動画制作等のデジタルコンテンツ分野で先行して「民主化」が進んできたが，デジタルファブリケーション機器が低価格化しデスクトップ化したことによって，「ものづくり」にも民主化の波が到来した。

筆者はおそらく，日本で最初に 3D プリンタを自宅で使い始めた人間であるのだが，それはおよそ 15 年前のことであった。時が流れ現在では，筆者の研究室に所属する学生は 1 人 1 台ずつほぼ全員が 3D プリンタを自宅に所有している。そのほか，デジタルファブリケーション機器を身近に使うことができる市民工房『ファブラボ』をはじめ，3D プリントを受託するサービスなどが社会に定着している。こうした結果，大きく広がったのが「試しにつくってみる」プロトタイピングの文化である。素早くアイデアをカタチにし，実験しながら，可能性を徐々に広げていくという，プロジェクトの進め方が全面化している。この詳細については，4 章で取り上げる。

こうしたプロトタイピングは，アイデアの試作だけではなく，直接実用物を生み出すことにも発展している。2020 年の COVID-19 の蔓延の際には，医療現場で用いるフェイスシールドの供給量が不足するという緊急の事態が起こった。そこで，3D プリンタを保有している多くの個人ユーザーがフェイスシールドを制作し，近隣の病院や医療機関に届けるというムーブメントが生まれた（図 **1.5**）。

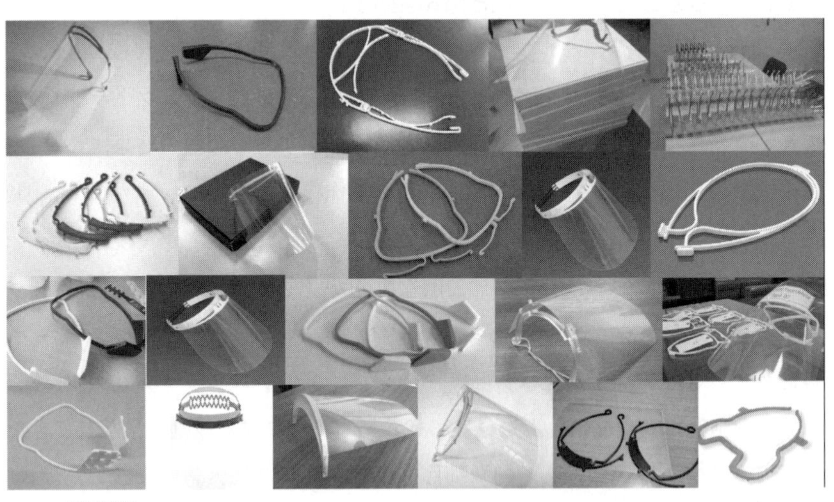

図 1.5　3D プリンタで制作されたフェイスシールド（フレーム部分）の例[3)]

緊急時において 3D プリンタによる分散型製造が有効であることを示す一つの出来事であった[3)]。すなわち「想定外の問題」に対して，迅速かつ柔軟に対応する技術インフラとしての価値が証明されたのだった。

コラム：オープンデザインの成熟

デジタル製造技術の民主化と連動して起こってきたのが，デザインの設計図や3Dファイルをオープンにインターネット上で共有する**オープンデザイン**（open design）の文化であった。特に，従来の「著作権」の概念を超えて，設計図や3Dデータを自由に改変することを許容する「クリエイティブコモンズ」のライセンスとともに成熟してきた文化であり，COVID-19下でフェイスシールドを制作する際にも多くの場面で採用された。

フェイスシールドでは，世界中で代表的な3Dデータが公開され，それを3Dプリンタユーザーがダウンロードして印刷し，近隣の病院に運ぶといった取組みがなされた。さらに，現場で設計の問題点を洗い出し，3Dデータを徐々に改変・深化させ，より良くしていくという参加型の改善・洗練プロセスが見られた。筆者らのラボでは後日，このプロセスを調査したが，その結果，改変ポイントは以下の5点に整理できることがわかっている。

機能性：強度や使いやすさなどの機能の工夫
意匠性：デザイン性など
装着感：装着時の快適さ
生産性：製作速度や製作数の重視
改変率：もとのデータからの改変度

機能性に着目して改変を行ったフェイスシールドのレーダチャートを図に示す。なお，それぞれの改変された3Dデータを上記5点の指標で分析した結果

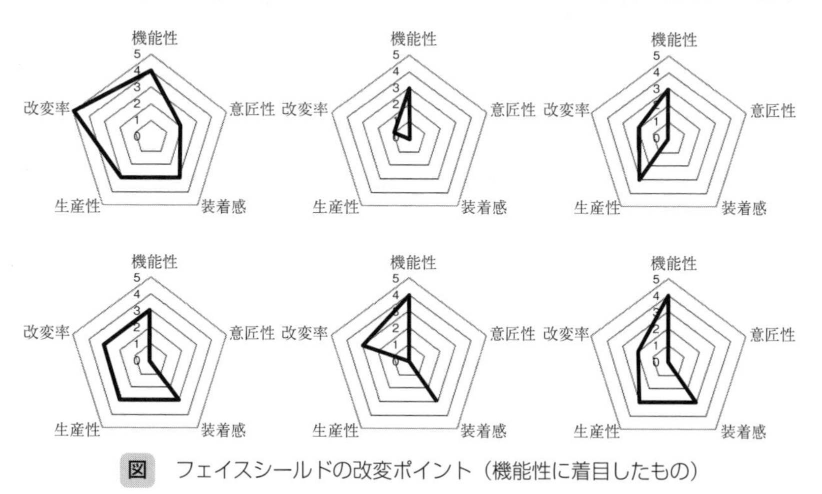

図 フェイスシールドの改変ポイント（機能性に着目したもの）

を，現在も Web ページ[†] に公開している。

一方，こうした「改変・修正の連鎖」を，どのようにすれば混乱なく秩序をもって，効率的に導くことができるか，という課題が残った。このようなインターネットコラボレーションや集団創作の研究は，これまで主としてデジタルコンテンツ（写真，動画，音楽等）で起こってきたが，これを「もの」に当てはめた場合の実践的研究を，さらに深める必要がある。

1.1.4 デジタルファブリケーションの拡張

デジタルファブリケーションの技術が普及した背景には，装置の小型化・卓上化以外にも，だれもがコンピュータを持ち，その上で，3D データ（製造データ）を気軽に編集できる「ソフトウェア」が進化・普及したことも，大きく影響している。実際，フェイスシールドの 3D モデルは CAD（computer aided design）でつくられ，また改変も行われていた。

ソフトウェア面に注目すれば，人間の手と思考だけでは到達できない新たなデザインを，コンピュータの計算能力の補助によって生成する**コンピュテーショナルデザイン**（computational design）という分野が大きく進展している。この分野が 3D プリンタをはじめとするデジタル工作機械と相互に影響を与えながら，大きな流れとなってきている。

トポロジー最適化をはじめとする各種のシミュレーション技術や，大量のデータをもとに計算処理をする機械学習などを活用したデザインが，デジタルファブリケーションと高次に結び付けば，だれも見たことのないデザインのアウトプットが生まれてくる。さらには，形状を設計するだけでなく，機能を直接設計できるような技術が誕生しつつあり，それは加工技術と一体的に実用化されつつある。例えば，レーザーカッターは従来 2 次元のデータから平面的な加工をするために用いられる機械であったが，コンピュータのシミュレーションと結び付くことによって，任意の切込みを入れることで柔らかさや硬さを制御して曲げられるようにしたり，折ったり膨らませたりして，直接狙った 3 次元形

[†] https://coi.sfc.keio.ac.jp/faceshield.html

(a) 生 成 前

(b) 生 成 後

図 1.6　平面に切り込みを入れることで複雑形状を生成する様子
〔提供：Nature Architects 株式会社〕

状をつくり出す，新しい製造方法を具現化する装置となった（**図 1.6**）。

このように，コンピュータによる計算と高次に結び付いたデジタルファブリケーションを**コンピュテーショナルファブリケーション**（computational fabrication）と呼ぶことがある[4)]。この方向性については，2 章にて詳しく取り上げる。

1.1.5　狭義のデジタルファブリケーションへ向けて

ここまで，データや計算と密接に結び付いたものづくりである「広義のデジタルファブリケーション」の概況について述べてきた。ものづくりの民主化と連動した「パーソナルファブリケーション」についても触れた。他方，冒頭に述べたように「デジタル（digital）」は本来「離散量」を表す言葉であり，連続量（区切りなく続く値）を意味する「アナログ」と対をなす概念である。「デジタル」の語源はラテン語の「指（digitus）」に由来しており，離散という意味では「ディスクリート（discrete）」という語が使われる場合もある。

この意味を忠実に理解するならば，狭義のデジタルファブリケーションとは，「ものを離散的につくること」と捉えられる。これは，どういう意味だろうか？

前項まで整理した「広義のデジタルファブリケーション」は，ものの「設計図」がコンピュータによる計算によって導き出され，デジタルデータからものが可能な限り直接的につくり出されるという意味であった。しかしながら，そこでつくられる「もの」それ自体は，完結した一つの塊，すなわち物質としては連続したマスである。さらに，ものがつくり上げられるまでの過程，例えば3Dプリンタやレーザーカッターが素材にエネルギーを与え，物体が製造されていくプロセス自体は，依然として「アナログ」な工程である。

この「アナログ」な製造には，いくつか根本的な問題が存在する。詳しくは後に触れるが，ここで一旦立ち止まって思い出してみたいのは，「製造」の分野に限らず，これまでの人類の歴史において「デジタル」とはそもそも，「アナログ」で生じた問題を克服するために生まれてきた技術であったという事実である。そこで，少しだけ回り道をして，前世紀に生じた「通信のデジタル（離散）化」の歴史を復習してみたい。そのことが結果的に，「製造」のデジタル化を深く理解するための準備となるだろう。

1.2 「離散性」の意味と意義

1.2.1 クロード・シャノンによる「通信のデジタル化」

1948年，クロード・シャノン（Claude E. Shannon）が，コンピュータの歴史において重要とされる「情報理論」の先駆けとなる論文 “A Mathematical Theory of Communication（通信の数学的理論）” を発表した。ここから始まる「通信のデジタル化」は，それまでの「アナログ方式」が持つ根源的な限界と問題点を根本的に解決すべく生まれたものである。当時シャノンは，長距離電話回線の効率と信頼性に関わる研究を行っていた。電話は，音波を電気の波に変換し，回線を介してそれを搬送し，回線の反対側で電気の波をまたもとの音の波に戻す仕組みであったが，回線で生じる電気雑音や干渉によって信号が物理的に劣化する。そのため，音声を再現する過程でエラーが混入するが，そのエラーの量は，電話に発生する雑音の量に比例して増加する。

それを解決する手段を模索していたシャノンが思いついたのは，波形を1/0，オン/オフ，真/偽に**2値化**して送信することであった。2進数を意味する「binary digit」を略して「bit」と名付けたのは，シャノンの同僚だったジョン・テューキ（John W. Tukey）である。2 値化して送ることで，ある一定の閾値以下であれば，雑音（ノイズ）の大きさに関係なくエラー発生率を限りなくゼロに近づけられることがわかった（図 **1.7**）。これは**シャノンの通信路符号化定理**（noisy-channel coding theorem）と呼ばれて定式化されたもので，通信路の雑音のレベルがどのように与えられたとしても，その通信路を介して計算上の最大値までほぼエラーのない離散データ（デジタル情報）を送信することが可能であることを証明したものである。

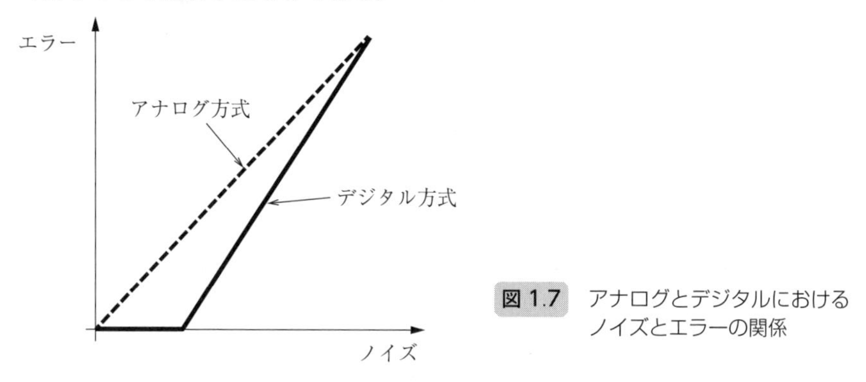

図 1.7　アナログとデジタルにおけるノイズとエラーの関係

その後，さらに「誤り検出訂正の理論」が展開した。信号に余分な情報を意図的に追加すれば，その情報の冗長性を利用して，受信側で誤りを発見し訂正することができる。例えば素朴な方法としては，ビットを 3 回送信し，多いほうを採用すれば，もしビットが雑音によって反転したとしても，そのエラーを訂正することが考えられる。もっとも，この方法は非効率的であり，現在ではさらに高性能な符号化理論が使われている。こうした符号理論や情報理論の成果は，デジタル通信の基礎となり，現在では暗号理論や暗号解読に広く応用されている。

この歴史が教えてくれることは，デジタル化とは，アナログ方式が持つ本質的な問題を克服するために発展してきたものであり，さらにアナログな本質から逃れることができない物理世界（物理法則）を前提としながら，その上に，デジタルな特質を持った新たな系を「上書き」するように構築されてきたということである。

1.2.2 「製造のデジタル化」とは何か

シャノンの時代には「通信」において物理的なノイズに基づくエラーが大きな問題となっていたため，それを克服すべくデジタル方式が研究された。これが「通信のデジタル化」である。このことをもとに「製造のデジタル化」について改めて考えてみよう。

「製造」の工程を見返してみると，現在もまだ基本原理はアナログである。そして，通信におけるノイズや劣化と同種の問題が，いまなお続いていることに気がつく。例えばCNCミリングマシン（切削機）では，工具の形状に欠陥があったり，位置決めが不正確であったりすると，切削される部品の形状には，恒久的な誤差が生じてしまう。これが「アナログ的な問題」の一例である。さらにデジタルファブリケーションの代表例とみなされている3Dプリンタにも，じつはアナログ的な問題が存在する。3Dプリンタの方式には現在7種類あるが（**図1.8**），どれにも共通しているのは**積層**（層を積み重ねていく）という製造プロセスである。しかしこの方式において，一つの層を重ねる際に，小さな誤差やエラーが生じれば，その「ずれ」が蓄積していったさらに上の層のどこかで大きな破綻が生じ，3Dプリントの試行全体が失敗に終わる。この「誤差」を完全に補正する技術的な方法はまだ確立されていない。突き詰めれば，根本的

(a)　材料押出し法

(b)　液槽光重合法

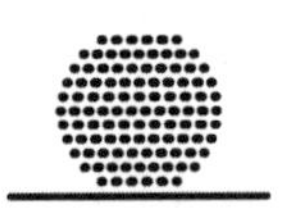
(c)　材料噴射法

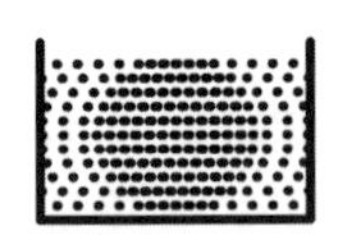
(d)　結合剤噴射法

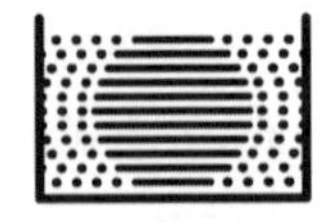
(e)　粉末床溶融結合法

(f)　シート積層法

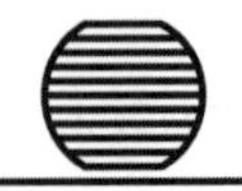
(g)　指向エネルギー堆積法

図1.8　3Dプリンタにおける7種類の方式〔「未来をひらく窓—Gaudí Meets 3D Printing」3Dプリンティング解説図 ©YKK AP Inc. ©PRODUCT DESIGN CENTER Inc.〕

な欠陥は，製造プロセスにおいて，前の過程（下の層）が後の過程（上の層）に直接影響を与える「アナログ（連続）」的なものだからという理由に帰着する。

こうした問題に対して，物体を一体的に連続成型するという発想ではなく，適切な大きさにバラバラに分解した状態として，細かな「最小単位（ビルディングブロック）」を用意し，それぞれをあとから連結することで，大きな全体を組み上げる方式が考えられる。まず，最小単位に分割することで，一つずつの製造が失敗するリスクは相対的に小さくなる。さらに最小単位には，隣接する最小単位との固有の接続部（ジョイント）が定義され，その接続部同士は，接続の際に多少位置がずれて接近したとしても，おのずとその位置がぴったりとはまり合うように，「補正」のための形状的な仕掛けを設計しておくことができる。こうした方法であれば，多少の作業のずれを吸収し，安定的に最小単位をつなげていくことができる。ものの製造において，一つのエラー（製造上の失敗や誤差の蓄積）により全体が破綻してしまうことを回避しながら，冗長で安定した方法で，ものをボトムアップに構成していく方法，これが「もののデジタル（離散）化」と呼ばれるアプローチの出発点となる考え方となる（図 **1.9**）。

図 1.9 もののデジタル（離散）化のイメージ図〔イラスト：安宅絢音（慶應義塾大学 SFC 田中浩也研究室）†〕

† 本章において図説に記載した氏名・所属は画像作成時のものである。

1.2.3 最小単位を基本としたものづくりの歴史

「もの」を**最小単位**（**ビルディングブロック**）に区切り，それを組み立てて全体をつくることは，「巨大なもの」をつくる際には必然的に要求される。「建設」の歴史では，太古から長く採用されている。巨大なピラミッドやスフィンクスの建設においては，「人間が持てるサイズ」のモジュールを設定して大勢で運ぶ必要があり，直方体上の石の塊が単位となった。「一人でも持てる」大きさや重さの検討から，レンガブロックやコンクリートブロックが生まれ，それが現在でも使われている。西洋の大型建造物の場合には，単位に細かく分けてそれを運び積み重ねたあと，最終的には「接着」し，再び分解したり再構成したりすることはなかった。

他方，「組立てと分解を双方向にする」という，より高度な離散化の代表例は，日本の木造建築である。特に，木造建築の仕口と継ぎ手（接手）では，金属の金物を使わず，いつでも「ほどく（分解することを，木造建築ではこのように呼ぶ)」ことで，別の場所に建築を移築できる可能性が担保された。また，木は

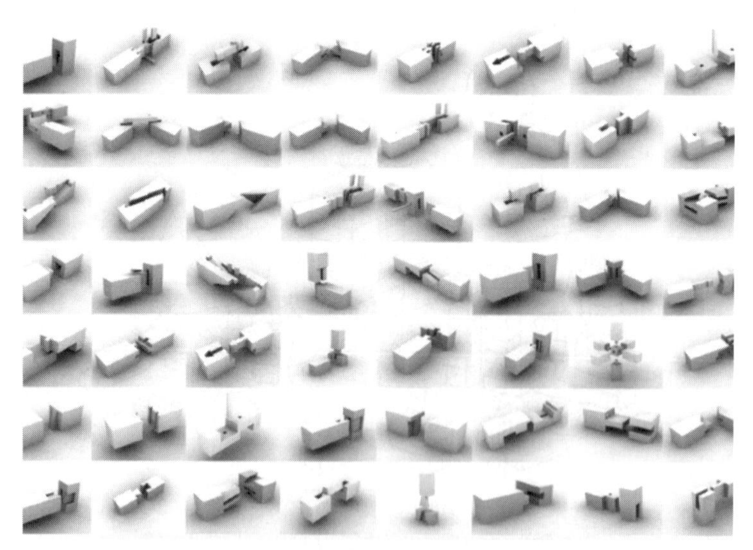

図 1.10　接手・仕口のパターンを整理した 3D ライブラリ[5)]
〔提供：金崎健治（慶應義塾大学 SFC 田中浩也研究室)〕

乾燥すると収縮し，湿度が高くなると膨張するが，この性質を利用し，特殊な宝箱やからくり箱などが制作されてもきた（図 **1.10**）。

時代が過ぎ 20 世紀，プラスチックが大きく普及する時代の真っ只中で，ブロック玩具が世界に誕生した。現在のレゴブロックの原型が発表されたのは 1949 年であるが，当初は**自動結合ブロック**（automatic binding bricks）と名付けられていたという。ここでいう「自動」は，「人間が手をかけない」という意味ではなく，凹凸がはめこまれる際に，少しくらいずれていても，おのずと位置合わせと調整が形状的に工夫によって行われ，正しい座標系が保たれる，という意味である。ある範囲内であれば失敗なく自動的に補正されて組み立て上がるという仕組みを**セルフアラインメント**（self alignment）と呼ぶ。このようなジョイントの工夫がなされているがゆえに，手の動作がそこまで正確ではない小さな子供であっても，失敗することなく組み立て，完成の達成感を獲得することができた。またレゴブロックは，遊び終わったらバラバラに分解し，体積を最小限にして箱に片付けることができる。これも「離散的な性質」の重要な側面である。

ただし，レゴは前後・左右・上下，3 次元のすべての方向に向かってブロックをつなげていくことはできていなかった。また，ブロックの形状には種類があっても，ブロックの素材は 1 種類（現時点では ABS 樹脂）であった。また，玩具以外の分野である工業製品にこの性質を応用していくことは，長く見過ごされてきた。こうした離散的なものづくりを実製品に応用していくことは，まさにコンピュータが普及した現在の情報環境の上で改めて注目され，取り組まれ始めたテーマなのである。

コラム：東京 2020 オリンピック・パラリンピック表彰台

筆者は東京 2020 オリンピック・パラリンピック表彰台のプロジェクトに携わり，「3D プリント設計統括」を務めた。この表彰台のデザインを担当したのはエンブレムのデザインを担当された野老朝雄氏である。野老氏による全体のデザインコンセプトは「ADJUSTABLE（調整できる）」「BUILDABLE（構築できる）」「CONNECTABLE（つながることができる）」であった。このコンセプトに基づいて，表彰台では「組市松紋」と呼ばれるエンブレムの幾何学を 3 次元的に立体化したユニットを設定し（3D 設計：平本知樹氏），3D プリンタにより，その構成パネル約 7 000 枚が制作された。この「パネル」を組み立てて金・銀・銅それぞれの表彰台が構成された。このような設計方針がとられた背景には，個人競技からチーム競技まであるオリンピック・パラリンピックでは，表彰台の上に乗る人数が競技ごとに異なるという理由があった。また設置場所も，屋内から屋外まで多様であり，かつ屋外は砂浜もあればグラウンドまで多様な環境を想定しなければならなかった。競技終了からセレモニー開始までの短い時間内で設営し，片付け・撤去までを行えなければならないという制約もあった。こうしたさまざまな制約条件から，総じて，現場での柔軟な運用の余地を残すために「単位モジュールをベースとした設計」が，あらゆる意味で有用だったのである（図参照）。

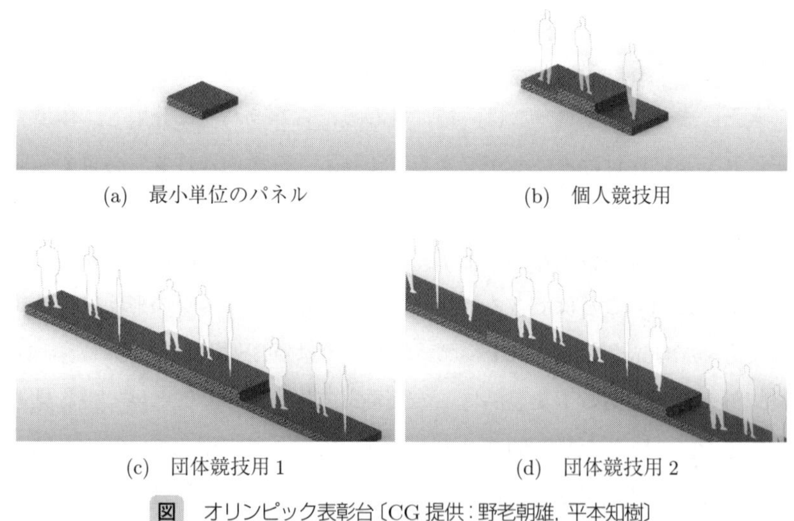

(a)　最小単位のパネル　　(b)　個人競技用

(c)　団体競技用 1　　(d)　団体競技用 2

図　オリンピック表彰台〔CG 提供：野老朝雄，平本知樹〕

さらに，新型コロナウィルスの蔓延により，急遽「ソーシャルディスタンス対応」が求められ，当初の予定よりもメダリスト間の距離を大きくとることが，要求事項としてあとから追加された。そのとき，すでに表彰台はすべて制作完了済みであり，設計からやり直すことはできなかった。しかし，もともと「単位モジュール」を 1 単位として柔軟な調整が可能となるように設計してあったがゆえに，組立て方を変更することで，ソーシャルディスタンス対応がなされ，表彰台そのものをつくり直すことなく，そのまま本番で使用することができた。本章の後半でも述べるが，このように最小単位（ビルディングブロック）を基本としたものの設計手法は，現実の社会の中で次々に起こる「予測不可能性」に対して柔軟で，適応的であることが強みである。このことが，気候変動等でさらに先が読めない予想不可能な時代へ向かっていく中で，どれだけの有効性を持つかを考えていくことが，本章後半の主題となる。

1.2.4 デジタルマテリアル

デジタルファブリケーション研究を世界的に広げた先駆者であるニール・ガーシェンフェルド（Neil Gershenfeld）氏の研究室では，2010 年前後，レーザーカッターや 3D プリンタなどのデジタル工作機械を活用しながら，究極の「離散的製造」へ向けての研究が開始された。まず，従来の「レゴブロック」を超える，前後・左右・上下，3 次元のすべての方向に向かってつなげ，接手・仕口のように丈夫に組み合わせていくことのできる**最小単位（ビルディングブロック）**の探索が行われた。そこで開発された基本モジュールの一つが **GIK** である（図 **1.11**）。

(a) (b)

図 1.11 GIK キットとその多様な展開〔CG：安宅絢音（慶應義塾大学 SFC 田中浩也研究室）〕

この GIK キットは，レーザーカッターや 3D プリンタなど，各種のデジタル製造装置が揃ってきていたこともあり，プラスチック，金属，木材，カーボンファイバーなど「さまざまな材料」でつくることができる。材料による強度の違い，導電性の有無などから，レゴブロックのような「形状を組み立てる」ことだけを主眼としたキットとは異なり，「機能を組み立てる」ことを主眼としたキットへと展開されている。例えば金属で制作された GIK 同士をつなげると電気が流れる性質を用いて，**3 次元電子回路**が構成できるようになった。

さらに，GIK では大きさも多様になった。マイクロスケールからメートルスケールまで，大小さまざまなデジタルファブリケーション機器が揃ってきたこともあって，1 辺が 1 mm 程度の極小のモジュールから，1 辺が 1 m 以上の極大のモジュールまで，極端に大きさの異なるバリエーションが制作された（**図 1.12**）。1 辺が 1 mm 程度の小さなモジュールは，電子回路やアクチュエータに使用されるが，他方 1 辺が 1 m 以上の大きなモジュールは，組み立てて，車の外装や家などが制作される。

図 1.12　GIK キットで組み立てた中規模な構造体のイメージ
〔CG：安宅絢音（慶應義塾大学 SFC 田中浩也研究室）〕

続けて「GIK」以外の基本モジュールも開発された。例えば，強度と軽量性を兼ねるモジュールとして，**ケルビンラティス**（Kelvin lattice）と呼ばれる最小単位（ビルディングブロック）が有用であることが知られるようになってきた（**図 1.13**）。

レーザーカッターなどで切り出した 2 次元平面的な部品の組合せによって**ケルビンの立体**とも呼ばれる切頂八面体を構成し，それを上下・左右・前後につなげていくことで生まれる構造体である。軽量で丈夫であることから，飛行機の羽根や自動車の外装などでの試用実験が進められている。

こうした「基本モジュール」の研究開発を進めながら，Neil Gershenfeld 氏

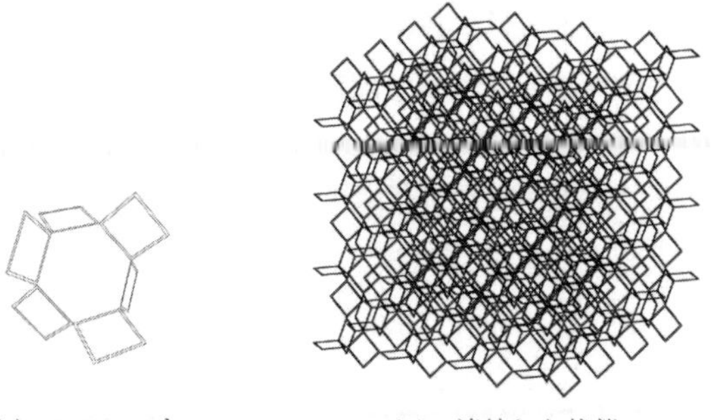

(a) 1ユニット　(b) 連結した状態

図 1.13 ケルビンラティス構造の1ユニットと縦・横・高さ方向に連結した状態†

と同研究室の George A. Popescu 氏らは，この概念を理論的に整理するための "Digital Materials for Digital Fabrication" と題する短い論文を発表している[6]。これまで述べてきた最小単位（ビルディングブロック）や基本モジュールは，ここでは「離散的な材料」を意味する**デジタルマテリアル** (digital material) と命名され，次のように定義付けされた。

【デジタルマテリアルの定義】

1. The set of all the components used in a digital material is finite (i.e. discrete parts).
   デジタルマテリアルとして扱われるすべてのコンポーネントは有限である（すなわち離散的な部品である）。
2. The set of the all joints the components of a digital material can form is finite (i.e. discrete joints).
   デジタルマテリアルとして扱われるすべてのジョイントは有限である（すなわち離散的なジョイントである）。
3. The assembly process has complete control over the placement of each component (i.e. explicit placement).

† ジョイント等の詳細 https://gitlab.cba.mit.edu/neilg/ReinforcedKelvin

それらの組立て過程は，各コンポーネントの配置により完全に制御される（すなわち明示化された配置である）。

先にも述べた通り，こうした研究は連続的な成型（アナログ式）であるゆえに造形エラーが大きな損害をもたらし，また速度や量産性にも問題がある 3D プリンタを超えていくための，さらなる理想，そして究極の追求である。また，ピラミッドやスフィンクス，木造建築，レゴブロックなどの人手による組立てを超えていくために，**3D アセンブラ**（3D assembly）と呼ばれる自動組立て装置も，併せて開発されている（これについては 1.2.6 項で解説する）。3D プリンタは将来的に，3D アセンブラとデジタルマテリアルの組合せへと発展していくだろう。

1.2.5 アーキテクテッドマテリアル

エッフェル塔や橋梁に見られるように，大型の建築や土木構造物においては，少ない部材，軽量な部材で十分な強度を実現するための構造設計手法が長く探求されてきた。ラティス構造，トラス構造，3 次元ハニカム構造といった代表的な幾何学立体が，このような場面で多く応用されている。

過去から積み上げられてきた土木・建築における構造体の知見が，デジタル製造技術の進展によって，より小さいスケールの人工物にも微細な立体構造として実現することが可能となった。こうした反復的に利用できる 3 次元立体構造単位は**アーキテクテッドマテリアル**（architected material）と呼ばれている

図 1.14 小型高精細 3D プリントによるアーキテクテッドマテリアルの例〔慶應義塾大学と JSR 株式会社の共同研究による〕

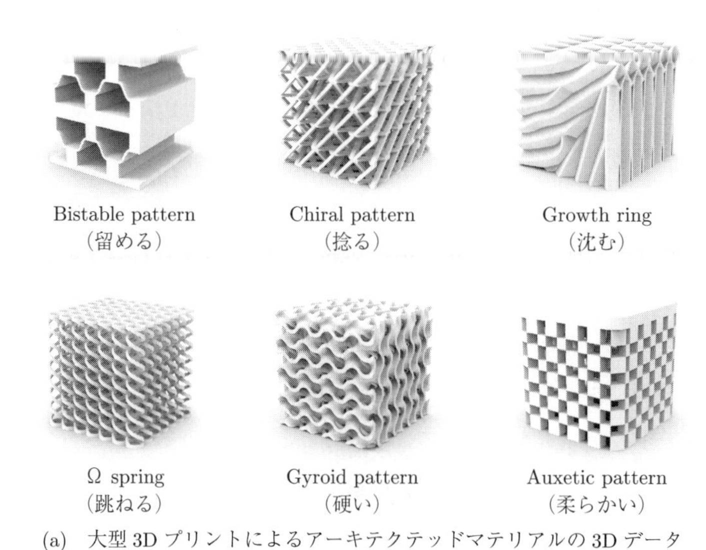

(a) 大型 3D プリントによるアーキテクテッドマテリアルの 3D データ

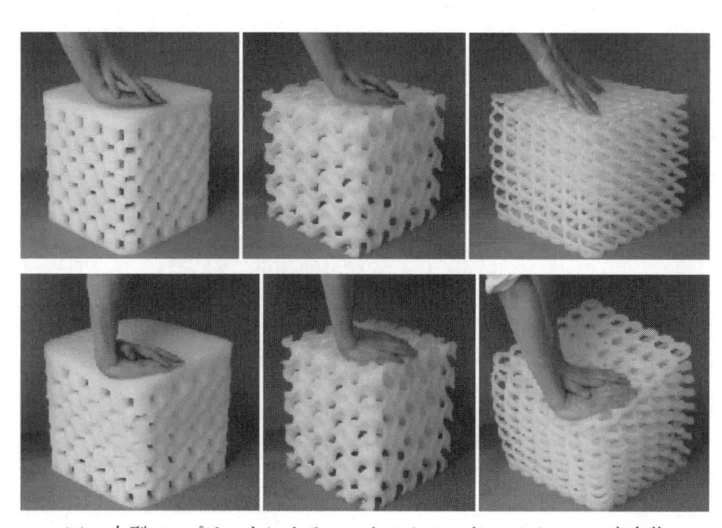

(b) 大型 3D プリントによるアーキテクテッドマテリアルの出力物

図 1.15 大型 3D プリントによるアーキテクテッドマテリアルの例
〔図版作成：矢崎友佳子（慶應義塾大学 SFC 田中浩也研究室）〕

(**図 1.14**, **図 1.15**)。例として，人間の走行運動の解析から導かれた，特殊なアーキテクテッドマテリアルがミッドソールとして組み込まれた「スポーツ用シューズ」などは，すでに販売もされている。

ところで前項のデジタルマテリアルも含め，アーキテクテッドマテリアルが，なぜ「マテリアル」と呼ばれうるかといえば，一つずつを取り出して微細に見れば構造体であるが，それが一つの「単位」と定義され繰り返し配列された状態を，疎視化し俯瞰して見れば，あたかも一種の均質な材料（マテリアル）のように取り扱うこともできるからである。材料の属性として扱われる，ヤング率，ポアソン率，導電率などを計測してデータベースに登録しておけば，ほかの材料と同等に扱うことができる（**図 1.16**）。従来まで使っていた材料をアーキテクテッドマテリアルを用いて代替することもできうるし，さらにはこれまでの材料ではカバーできなかった物性領域をアーキテクテッドマテリアルで初めて開拓することも可能である。

デジタルマテリアルとアーキテクテッドマテリアルの二つを併せ持った概念として**セルラーアーキテクテッドマテリアル**（cellular architected material,

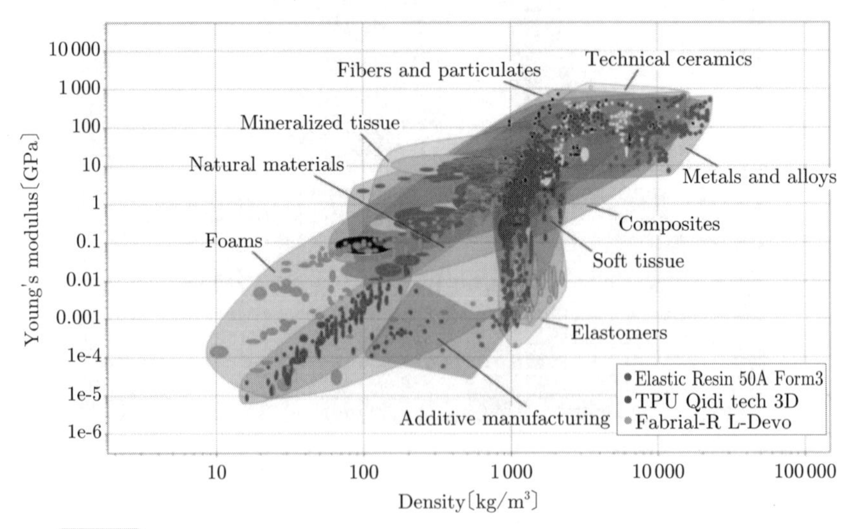

図 1.16　例として Ashby Map にプロットされたアーキテクテッドマテリアルの一部〔図版作成：岡崎太祐（慶應義塾大学 SFC 田中浩也研究室）〕（口絵 1）

CAMat）という用語が用いられる場合がある。「セルラー」は，セル（細胞）から来ており，小さな区域に分割された１単位のことを含意しており，ここまで説明してきた「離散」の意味を継承したものと考えられる。本章でもこれにならい，以降セルラーアーキテクテッドマテリアルとして用語を統一することにしたい。**図 1.17** にセルラーアーキテクテッドマテリアルの性質を生かした遊具の実験の様子を示す。

図 1.17　セルラーアーキテクテッドマテリアル（CAMat）の性質を生かした遊具の実験〔提供：慶應義塾大学 SFC 田中浩也研究室「マチカド」プロジェクト〕

コラム：ボクセルモデリングとセルラーアーキテクテッドマテリアル

通常の 3D-CAD は形状を**メッシュ**（mech，三角形や四角形）で囲むように定義するものが大半だが，他方，形状を小さな単位立体の集合で定義するものを**ボクセル**（voxel）という。ボクセルは，2 次元画像における**ピクセル**（pixel，画素）に対応するものであると考えればわかりやすい。

2 次元の画像であれば，それぞれの画素には，座標値，色，透明度といった属性が定義されるが，セルラーアーキテクテッドマテリアルを前提とした，ボクセルベースの 3D-CAD では，ボクセル一つひとつに，「材料」情報が割り当てられる。例えば「熱膨張率」「ヤング率」「ポアソン比」「摩擦量」などである。これらを適切に絶妙に組み合わせたボクセル集合体は，外部の温度に応じて形態を変形させて微小に歩き出したり，小さな力でもある方向に向けて大きく弾んだり，環境との相互作用で特有の「動き」を生み出すものとなる。

こうしたボクセル集合体のモデリングと物理シミュレーションを行うためのツールが，ホッド・リプソン（Hod Lipson）[†1] 氏の **VoxCAD** であり，現在は **VoxCraft** という名称のソフトとなって，利用可能となっている[†2]。図にボクセルモデルに対する物理シミュレーションや最適化計算の様子を示す。

筆者らは，ボクセル群を，さらに図 1.15～図 1.17 で示したようなセルラーアーキテクテッドマテリアルへと変換するためのツール群を開発してきた。最終的には，緻密な立体構造を内部に備えた 3D メッシュデータ形式となり，3D プリンタを通して物質化できることになる。この変換には，多くの計算リソースを必要とするが，近年のコンピュータの高速化と大容量化によって初めて可能となった。

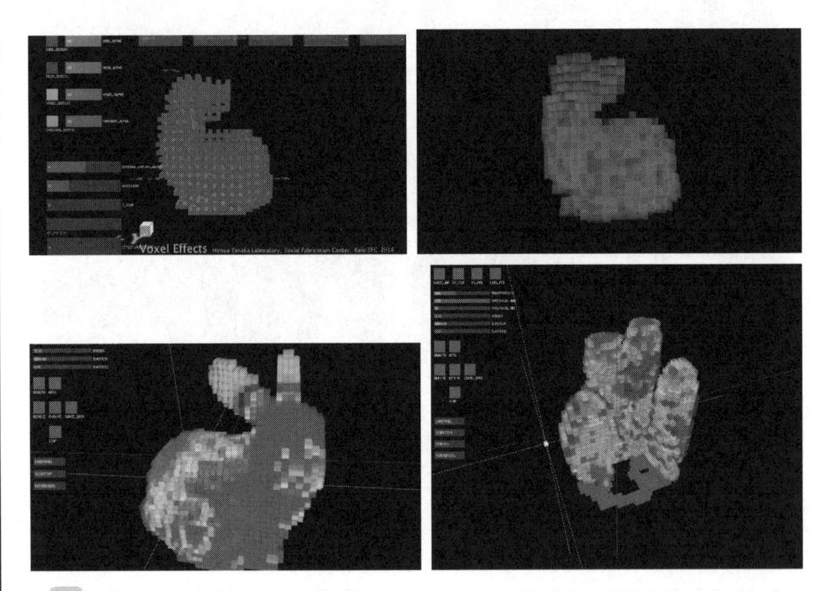

図　ボクセルモデルに対する物理シミュレーションや最適化計算の様子（口絵 2）

1.2.6　セルフアセンブリシステム

セルラーアーキテクテッドマテリアルを人手によらず自動的に組み立ててい

†1　現コロンビア大学，VoxCAD を開発した当時はコーネル大学に所属
†2　https://voxcraft.github.io/

く装置は**3D アセンブラ**（3D assembly）と呼ばれる。現在のところ，ロボットアームや，ガントリー式のフレームに取り付けられたハンド機構で，部品をつかみあげ，設置を繰り返す**ピックアンドプレイス機構**（pick and place unit）で実装されているものが多い（**図 1.18**）。

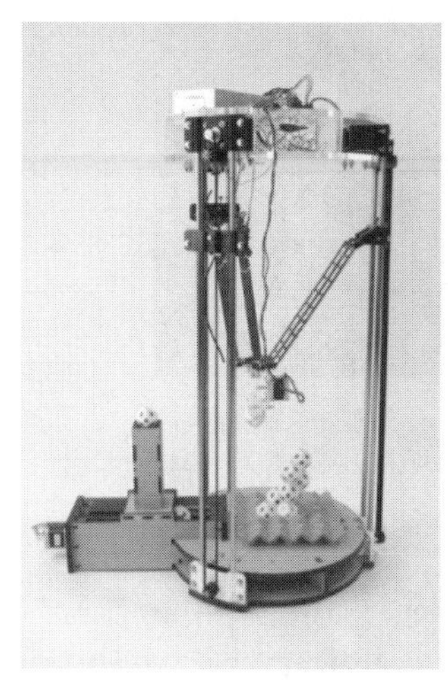

(a) 組立ての全体

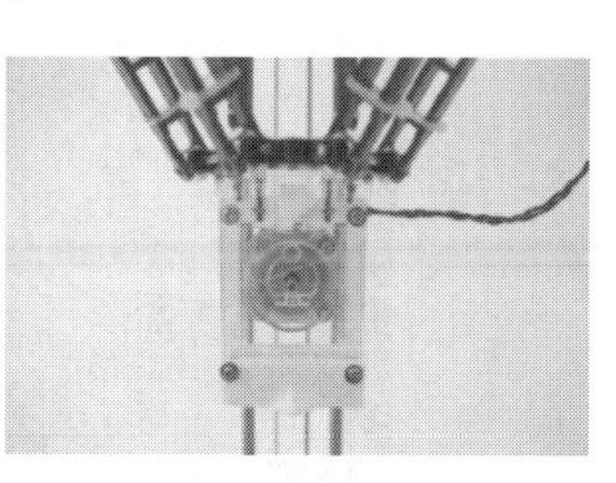

(b) ハンド部分

(c) 次のユニットの取り出し

図 1.18 切頂八面体（ケルビンの立体）を用いたピックアンドプレイス装置の実例〔提供：関島慶太（慶應義塾大学 SFC 田中浩也研究室)〕

プログラムした通りに機械が動き，その通りに順に処理され，組み立てられていくことで人手を代替する。こうした仕組みにおいては，基本単位が立方体（キューブ）であることが必ずしも有効ではないことが知られている。立方体の場合，積み上げの際に，位置がずれやすい場合があるからである。上下，前後，左右のさまざまな方向から接続される場合の冗長性と，ずれを補正するセルフアラインメントの可能性を，さまざまな多面体・半正多面体に当てはめて検証する必要がある（**図 1.19**）。1.2.4 項でも触れた切頂八面体（ケルビンの立体）は，この観点からも有力な立体形状である。一つの層の配列が終わった際に，上面におのずと「くぼみ」が生まれるが，そのくぼみに一つの上の層を置いていくことで，前後左右方向にずれることなく，セルフアラインメントが起こる。

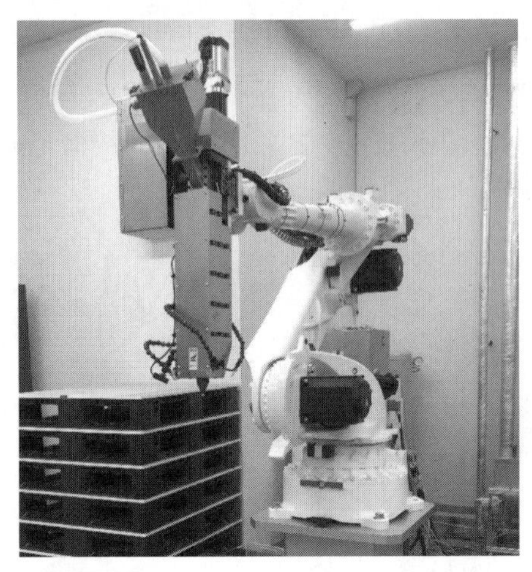

図 1.19　ピックアンドプレイス作業にも使用される汎用ロボットアーム

しかし，こうした研究はまだ「組立て機械」を必要とするアプローチにとどまっているものでもある。そこで，組立て機械の代わりに，モジュールの群に対して，3 次元空間的な「場」を用意し，その場に対して一定のエネルギーを与えることによって，モジュール自体が自律的に運動を行うように促し，そこで生じる相互作用のみによって結合・分解し，全体の形状を構成していくような仕組みをつくり出す方向性の研究がある。それを**セルフアセンブリシステム**（self-assembly system）と呼ぶ。

MIT のスカイラー・ティビィッツ（Skylar Tibbits）氏らは，「Self-Assembly Lab」を設立し，モジュールを

- 空中で浮遊させ接触させる
- 水中で浮遊させ接触させる
- 籠の中に封入して籠全体を回転させる

などのさまざまな方式で動かし，モジュールが自律的にアセンブリされていく様子を観察しながら，その特性と利活用先を研究している（**図 1.20**，**図 1.21**）。

スカイラー氏もまた，多様なセルフアセンブリの実験を行いながら，その概念を，次のように理論化し論文にまとめている[7)]。

図 1.20 水中でセルフアセンブリを行う実験「Fluid Lattices」〔提供：Self-Assembly Lab, MIT〕

図 1.21 空中でセルフアセンブリを行う実験「Aerial Assembly」〔提供：Self-Assembly Lab, MIT + Autodesk Inc.〕

【セルフアセンブリシステムの概念】

1. **Encoded assembly instructions**

   The DNA for what we want to build（DNA のように，組立て指示はあらかじめエンコードされている）

2. Programmable Parts

Digital Materials: discrete parts, information and relationships (部品はあらかじめ，最終形となる全体から逆算してデジタルマテリアルとして準備されている)

3. Energy for Activation

The energy to get a system from point A to point B（部品の運動を活性化し，状態Aを状態Bへと移行させるためのエネルギーが与えられる)

4. Redundancy and Error Correction

Ensuring accurate construction（結合や分解プロセスの失敗を回避するための冗長性やエラー補正機構を確保してある)

近年では，スカイラー氏の研究は，場に対して与えるエネルギーとして「電気エネルギー」さえも使わない方向へと展開し，地球上にもともと存在する自然界のエネルギーを有効活用することへ大きく舵を切っている。

その例として，波の流れを制御し砂を堆積させるための3次元構造物をシミュレーションによって設計し，実際に制作したその構造物をモルディブの海に沈めることで，数年をかけてゆっくりと砂を堆積させ，新たな「島」を自律的に出現させようとするプロジェクト「Growing Island」が行われている。沿岸流により運ばれた漂砂が静水域で堆積して形成される，くちばし形の地形のことを砂嘴(さし)（sand spit）と呼ぶが，それを同様の原理を，堆積を誘導する新たな構造体を設置することによって，自律的に駆動しようとするものである（図**1.22**)。

このプロジェクトの発端は，海面上昇により島の海岸線が徐々に後退しているという喫緊の環境問題に直面したことであるという。そこで「自然の力を生かしながら」新たな海岸線（coastline）を生成できないかという視点が生まれた。デジタルものづくりの研究から，現在加速度的に進行しつつある地球環境問題の解決へと結び付けようとしているアプローチにこれからの大きな方向性が感じられる。

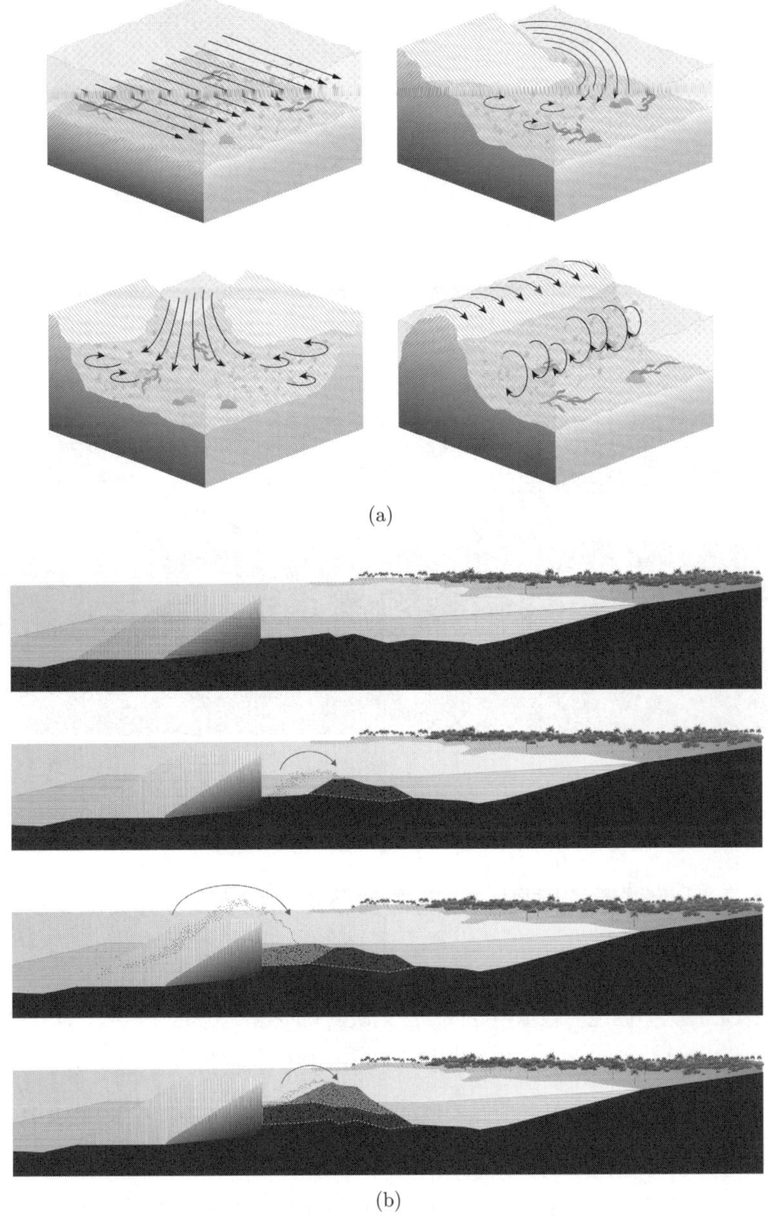

(a)

(b)

図 1.22 人工的に島をつくり出すプロジェクト「Growing Islands」〔提供：Self-Assembly Lab, MIT + Invena〕

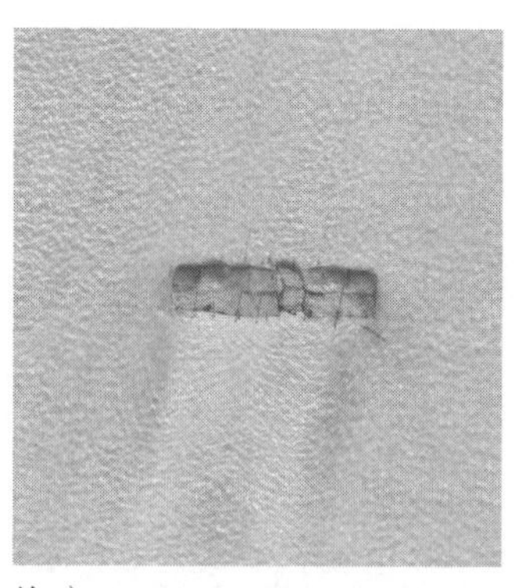

(c) （口絵 3）

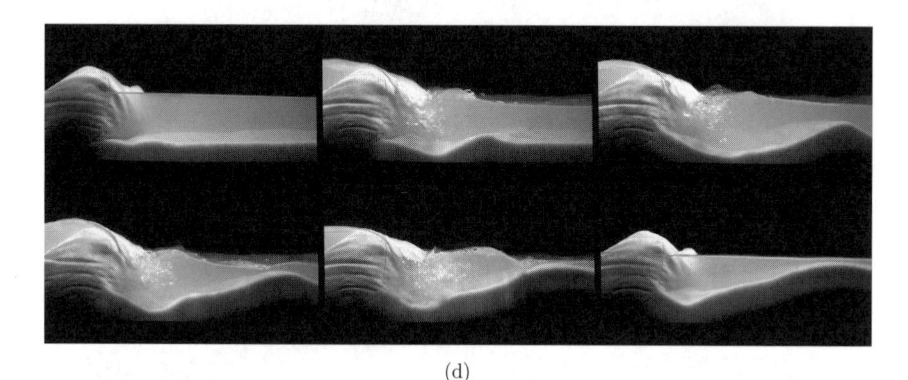

(d)

図 1.22 （つづき）

1.3 「地球環境問題」に向き合うためのデジタルファブリケーション

現代の最大の問題，地球の危機は，気候変動問題である。「環境」はつねに，動的で，変化に富み，未知であるが，その予測不可能性は過去よりもさらに高まっている。これまでに説明してきたような，デジタルファブリケーションの特徴を生かして，この問題について向き合い，解決に向けて取り組んでいける理路はあるだろうか。本節では，現在われわれが取り組んでいる，いくつかのプロジェクトを通してそのヒントを探る。

1.3.1 サンゴ着生具のデザイン

気候変動という大きな問題は，世界各地で無数の具体的な問題（環境の変化）を引き起こし，われわれの前に次々に表れる。こうした問題の特徴は，解くべき対象の完全な全体像を先行して定義することが難しい点にある。問題の全体像が把握できれば，コンピュータを生かした最適化により「解」を導き出すことができるかもしれないが，環境問題の場合には変数が多く，かつ単純な物理・化学的な公式に準拠しない，生物の行動や生命現象とも向き合わざるを得ない。

ここで一つ具体例を紹介する。われわれは，2021 年に，3D プリンタを用いた新たなサンゴ着生具のデザインに取り組むことになった（図 **1.23**）。現在，海温上昇に伴い，熱帯・亜熱帯海域に生息するサンゴの分布面積が減少しており，すでに冷たい海を求めて北上しているサンゴが現れてもいる。そのような状況下で，現在提案されているサンゴの保全方法の一つが，サンゴが自然に放卵・受精・孵化した幼生を「着生具」と呼ばれる特殊な器具に付着させ，食害等の影響を受けないサイズまで付着した状態で成長させたあと，より好ましい生息地となる場所へ移植するという方法である。これまでの研究では，実際に試験的な着生具を制作し，海に沈めて実証実験を行い，サンゴの着生と成長を観察することが行われてきた[8]。着生具設置からその結果を観察するまでには数年

プラスチック製 3D プリンタで外形の枠をプリントしたあと，
セメントを内部に流し込んで固めることで完成させる。

図 1.23 3D プリントサンゴ着生具の例
〔提供：慶應義塾大学 SFC 田中浩也研究室〕

を要するため，こうした研究は，とてもゆっくりと進行するものでもある。

着生具のデザインの指針としてすでにわかっていることは，表面に与える微細な凹凸によってサンゴを着生させやすくすることが可能である，ということである。しかし，この凹凸をどのような形状で，どのくらいの密度で設計することが最適であるのか，その要件はいまだほとんどわかっていないという。また，着生具の窪みが防御の役割を果たし，ほかの魚による食害などから守られることが，より好ましい。しかし，着生具の周囲に生息する外敵がどのようなものであるかは，実験水域の場所によっても変化する。このように，サンゴの着生から成長までに必要な環境要件の大半が未知であり，設計に必要な変数も定かではないのである。こうしたものづくりでは，事前に「問題」を構造化・定式化すること自体が難しい。

こうした状況に対して，私たちは 3D プリンタを用いてサンゴ着生具のデザインに新たなアプローチを提供したいと考えた。凹凸の形状や密度を少しずつ変えた試験体を可能な限り多種類制作し，系統化されたパラメトリックモデルを構成して，新たな実験計画へと結び付けようと試みた。3D プリンタを導入することで，従来よりも「多種類の」着生具を実験することが可能となった。そしてまた実験結果が出れば，設計を修正することも容易にできる。

このプロジェクトでは，**図 1.24** に示すような Nodi3D† というパラメトリックモデリング言語を用いて，その凹凸や形状を緻密に（例えば，1 mm 刻み間隔等で）定義してある。

ここで制作した着生具モジュールは，いくつかのモジュールを鉄筋で結束して配列させた状態で海に投入される想定であった。さらに 1 年後，実験結果が見えてきた先には，その結果を踏まえて，モジュールの配置を変えたり，新たに設計したモジュールを「追加」するなど，その場に応じた状況判断を下しながら，プロジェクトを発展させていくことができる。それは，セルラーアーキテクテッドマテリアルが本質的に「reconfigurable（再配置・再編成可能）」な

† https://nodi3d.com

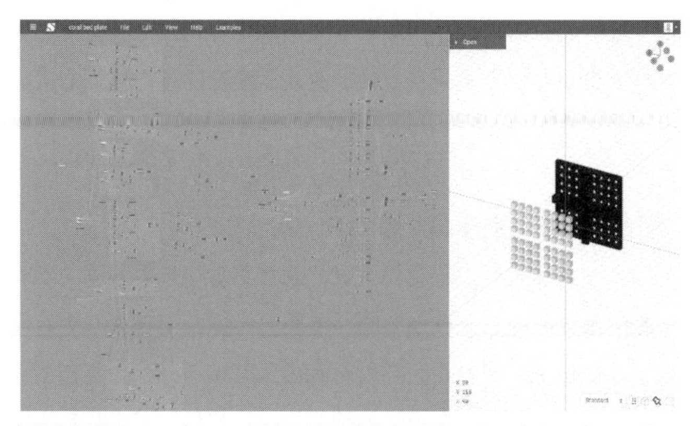

変数を操作することで，多種多様な形状を瞬時に生み出すことができる。

図 1.24 Nodi3D による着生具のパラメトリックデザイン

性質を備えていることによる。こうした営みを年々繰り返していけば，実験海域自体が，ゆっくりと多種類のサンゴ着生具によって緩やかに囲まれた一つの新しい「環境」として，適応的に収斂していくはずである（図 **1.25**）。

この例に代表されるように，3D プリンティング等に代表されるデジタル製造によって，ものをつくるコストが下がり，多品種少量生産が可能になった。それによって，**目的（問題）を事前に完全に把握することが困難である場合で**

図 1.25 ジャイロイド形状をもとにした着生具モジュールが連結した実験海域のイメージ

も，まずは多種類の試験体を，対象となる環境世界に投入し，その実際の効果をフィードバックしながらインクリメンタル（漸進的）に修正していくという取組み方が可能になった。

1.3.2 菌糸ユニットを用いた森のドーム

気候変動のまた別の表れが森林の火災問題である。世界各国で森林火災が頻発している原因は，乾燥した葉が落葉する際に，擦れて発火してしまうことにある。そのような状況を背景に，われわれは，万が一森林火災があったとしても燃えてしまわないような，耐火性が強く，かつ軽量で，山道でも運びやすい仮設小屋を構想することにした（図 **1.26**）。

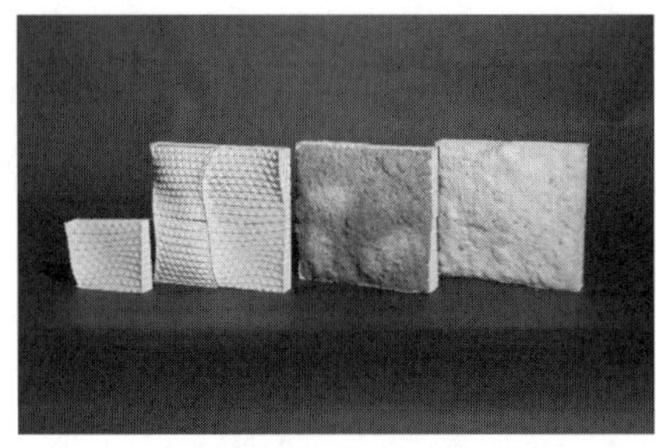

(a)　菌糸パネル

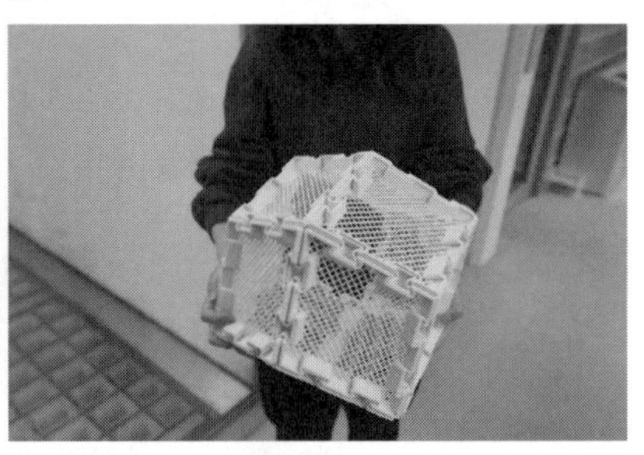

(b)　菌糸パネルによるブロックの初期プロトタイプ

(c)　菌糸ブロックを組み立てた菌糸ドーム（口絵 4）

図 1.26　森の中の菌糸ドームのイメージ〔提供：鳥居巧，知念司泰，大村まゆ記（慶應義塾大学 SFC 田中浩也研究室）〕

まず必要とされるのは，耐火性と耐水性である。また，森の中まで人間が運んで行って設置することを考えれば，持ちやすさを重視した組立て可能な細かなユニットに分かれており，なるべく軽量であることが求められる。そして，仮にドーム自体が廃棄されたとしても，森の中で環境汚染とならない生分解性能を持つことも重要であった。

そうした複数の要件を満たす材料として，このプロジェクトでは「菌糸」を用いることとなった。3D プリンタで作成した通気性の高い生分解性プラスチック製の型枠を開発し，その中におかくずやコーヒーかすを詰め，菌糸を栽培する。十分に栽培されたあとの菌糸ユニットは丈夫であり，耐火性が高く，水に浮かぶほど軽い。

図 1.27 に実際に完成した「菌糸の間」を示す。

図 1.27　実際に完成した「菌糸の間（2022）」〔提供：鳥居巧，大村まゆ記，知念司泰（慶應義塾大学 SFC 田中浩也研究室）〕

1.3.3 ジャイラングル構造体による都市冷却

地球温暖化による太陽からの日差しを木漏れ日とそよ風によって緩和する画期的な発明に，京都大学の酒井敏氏による「フラクタル日よけ」がある。筆者は現在，その一変形版ともいえる「ジャイラングル日よけ」について研究している。「ジャイロイド」という 3 方向に無限に連結した 3 次元の周期極小曲面は，1970 年にアラン・シェーンによって発見された図形である。ジャイラングルとは，ジャイロイドと同じトポロジーを持つ正三角形によって構成される無限正多面体の名前であり，「ジャイロイド」と「トライアングル」の二つをもとに，ジョージ・ハート（George. W. Hart）氏によって名付けられた。四つの正三角形を，辺の半分と半分を接するようにくっつけていくと，6 枚で一つの多面体を構成することができる。この多面体はフラットに折りたたむことができ，さらに上下左右前後，3 次元のどちらの方向にでも接続していくことができる特徴を持つ（図 **1.28**，図 **1.29**）。

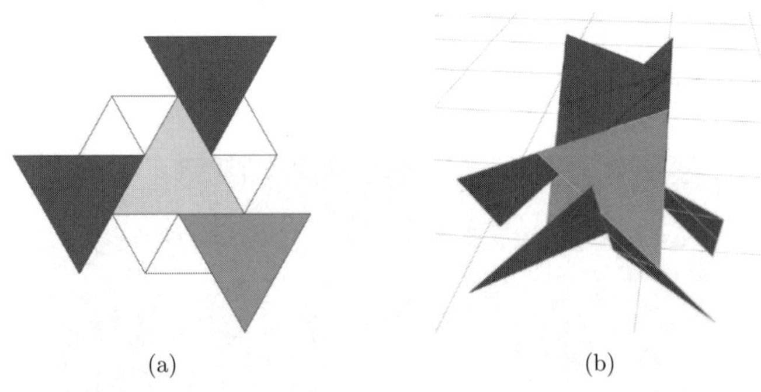

図 1.28　正三角形 6 枚からなる「ジャイラングル」の 1 ユニット

図 1.29　ジャイラングルを前後左右上下に連結していった場合の 3 次元立体

またジャイラングルは，正三角形がたがいに支え合う形状をしており構造的にも安定性を有する。このため，ジャイラングルユニットをうまく組み立てていけば，このユニットのみで小空間を構成することができ，それは「藤棚」のような，木漏れ日とそよ風の効果を生み出す（図 **1.30**）。

(a) (b)

図 1.30 ジャイラングルを用いて，公園の藤棚のような小空間をデザインした例〔CG：田中浩也〕

さらには，都市空間の狭い路地や，入り組んだビルとビルの隙間空間などにも，うまく挿入することができる。まるで植物が生え，生い茂っていくように，3 次元的に増殖させていくことができるモジュールであり，今後実用化に向けて研究を進めていく予定である。

1.3.4 「環境メタマテリアル」の可能性

これら三つの事例を通じて，問題を事前に完全に把握することが困難であり，未来の予測不可能性をつねに抱えながらも，プロジェクトに一歩一歩取り組まざるを得ない宿命を抱えた，地球環境自体の「ものづくり」に対して，デジタルファブリケーションならではのアプローチがありうることを示した。特に，拡張性，適応性，交換性，再構成可能性，階層性などに優れるセルラーアーキテクテッドマテリアルは，可能性を有する試験体をひとまず対象世界に投入して，その実際の効果をフィードバックしながらインクリメンタル（漸進的）に修正や更新・拡張をし続けるという方法で，これからの地球環境問題と向き合っていくための方法の一つとなるだろう。

ところでこうした多様な外部環境に晒された人工物は，本来ターゲットとしていた主目的以外にも多様な副産物的効果を生み出す。例えば，ジャイラングル日よけは鳥の住処にも，菌糸ドームは虫や微生物の住処にもなりうる。

これまでのセルラーアーキテクテッドマテリアルはどちらかといえば「工学的な性能」の観点から研究されてきたが，今後は，人間以外の生物種に与える効果も含めつつ「生態学的な効果」の検証を行うことが重要となってくるだろう。筆者は，工学の観点と生態学の観点を統合する新たな単位ユニットを**環境メタマテリアル**と名付けており，これから研究を深めたいと考えている。環境メタマテリアルの研究は，本章で述べてきた，アーキテクテッドマテリアルの研究と，環境対応を主眼として開発されてきた新素材（菌糸，生分解性プラスチック，バイオプラスチック）との多様な組合せを模索していくものになるだろう。

1.4　デジタルファブリケーションと呼応する思想・美学

1.4.1　オープンシステムサイエンス

本章のまとめとして，これまで述べてきた研究的立場と強く共鳴する研究思想と美学的概念を一つずつ紹介したい。まず一つ目となる研究思想は，Sony CSLの所眞理雄氏が提唱した**オープンシステムサイエンス**である（図 **1.31**）。

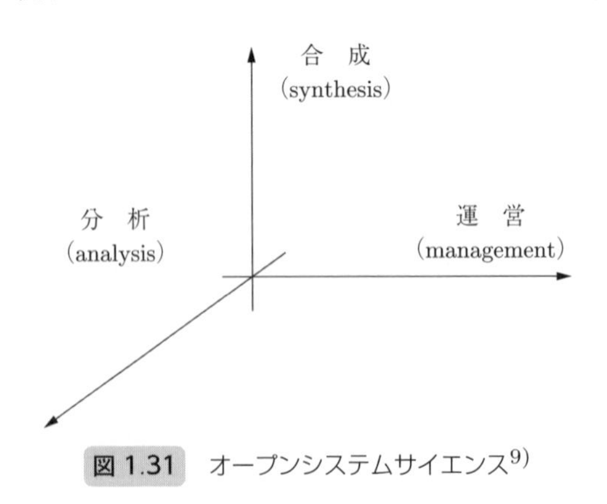

図 1.31　オープンシステムサイエンス[9)]

この概念について2009年に同名の著書『オープンシステムサイエンス—原理解明の科学から問題解決の科学へ—』[9] に次のような説明が記載されている。

「オープンシステムとは，‘複雑に，相互に関連のあるサブシステムからなり境界領域や境界条件が動的に変化し，あるいは定義や仕様が時間と共に変化するシステム’であり，それは現実の世界の中ですでに動いているものである。したがって，これらに問題が生じつつある場合であっても，生きているまま，あるいは実用として供しているかたちで問題を解決しなければならない。これまでの科学的方法論のように還元主義と抽象化によってものごとの基本原理を探求する「分析的（analysis）」に取り組むことや，要素から全体を新たに作り出す「合成的（synthesis）」に取り組むだけでは不十分であり，そのために，第3の軸として，変化に対応しながら全体を持続させていくための大きな概念として，「運営（management）」の視点を導入することが必要である。」

ここで強調されている，「一時点におけるシステムの状態を理解したり，一つの現象を切り出してその時間的な変化を理解したりするのではなく，つねに全体を把握しながらその時間的な変化を理解し，変化に対応し，持続させていく」という姿勢は本稿の立場と強く共鳴する。また

「運営（management）」という概念は，自然界においては「維持（support, maintenance）」「修復（repair）」「適応（adaption）」「突然変異（mutation）」などに関連し，人工システムにおいては「運用（operation）」「保守（maintenance）」「改良（improvement）」「変更（change）」などに関連する。」

と記されている。

デジタルファブリケーションは，従来のものづくりよりも格段に速いプロトタイピング技術として，状況に合わせて「もの」をつくるための技術として社会に普及してきた。そして本章で述べたように，「アーキテクテッドマテリアル」は，これまでになかった材料の機能を発現させることでができ，「セルラーアーキテクテッドマテリアル」に発展させれば，基本単位となるユニットを出発点とし，3次元的に追加や交換を行い，その場の環境に合わせて人工物の外形や構造を微修正し続けていく可能性を開いている。

さらにオープンシステムサイエンスでは「部分をつくる」視点と，「全体を観察する」視点の行き来の重要性が指摘されている。このようなフィードバック

構造を「ものづくり」に取り入れていくための現代的な手段がデジタルファブリケーションであるといえよう。

1.4.2 ハーネス計算

二つ目の参照概念は，美学者の秋庭史典氏がその著書『あたらしい美学をつくる』[10]の中で提唱した，これから求められる新しい「計算」の考え方「ハーネス」である。通常の用法では「ハーネス」とは馬の轡（くつわ）を指す。その意味が転じて，自然がもともと持つ力をうまく利用し，その自然に代償や苦痛を与えることなく，最小限の人為（人工物）をそこに付随させる（アタッチメントする）ことで，人間社会に有用な方向性へも導くという意味を持っている（羊の群れを追い込む羊飼いになぞらえて「シェパーディング」や，導くという意味での「ガイダンス」という言葉も使われる）。その概念を，現在の「計算」概念へと適用した秋庭氏によれば

> *「ハーネス計算とは，ハーネスの投入により，自然のシステムを動かし，動き始めた自然のシステムが今度は人工物を含めた自然の全体を動かしていくことを目指したもの」*

である[9]。

これは，これからのデジタルファブリケーションが，自然がもともと持つ力や生物の適応力をうまく利用しながら，それらを新たな方向に向けて「導いて」いくために活用すべきという，スカイラー氏や，筆者自身の考えと呼応する。

環境はつねに揺れ動いており，ものをつくる側は，変化し続ける環境の中での調和点を，終わることなく探り続けなければいけない。その際に，本章で論じてきたような真の意味での「デジタル＝離散性」の意義や特徴を正しく理解してものをつくることがヒントになるだろう。それは，まだ見ぬ，自然と共生した新しい未来の風景を生み出すことにつながっていくだろう。筆者は未来のどこかに，セルラーアーキテクテッドマテリアルを基礎とした，新しい都市空間，そして島や海上都市などが誕生すると考えている。加築と減築のどちらもが可能なユニット建築[11]などは，これからの応用可能分野の代表例である（図 **1.32**）。

(a) 外　　観

(b) 内　　部

ユニットの加築と減築が可能で，つねに適切な規模を維持することができる。

図 1.32　多種多様なパネルが貼られた木質ユニットが組み立てられて生まれる建築設計の例〔提供：大成建設株式会社 設計本部 先端デザイン室〕（口絵 5）

1.5 む す び に

本章では一般的に知られた「広義のデジタルファブリケーション」から始めつつ，「デジタル」の本来の意味である「離散性」を手掛かりとして「狭義のデジタルファブリケーション」へと至る理路を紹介してきた。また，人間を中心としたものづくりから，人間を含めた地球環境全体を考慮したものづくりへ大きく価値観が変わる中での，この技術の生かし方や，それが立脚すべき思想・美学についても紹介してきた。ここでもう一度冒頭に述べた「デジタルファブリケーション」の定義を振り返ってみよう。

「デジタル」の本質的な意味を捉え直しながら，われわれの「ものの解釈」を再び深め，改め，また新たな可能性を開いていく知の営み

デジタルファブリケーション研究の面白さは，技術論もさることながら，「もの」と「デジタル」の多様な組合せを思考することを通じて「すでにある身の回りの世界を再解釈」し，新たな可能性を妄想できる点にもあると思われる。そして，この「再解釈」の知的訓練は，いつでも，どこでもできることでもある。

そこで，本章を読まれた皆さんに，ぜひ次の三つの問いを考えてもらいたい。

- いま，皆さんの身の回りのあるもので「デジタル」な性質を持つものはどれですか？（コンピュータ以外で）

- いま，皆さんの身の回りのあるもので，いまは「デジタル」な性質を持っていないが，これから「デジタル」な性質を持つべきものはどれですか？（コンピュータ以外で）
- 身の回りのすべてのものが「デジタル」な性質を備えたとしたら，街や都市はどのように変わると思いますか？

この問いに対してできるだけたくさんの答えを探してみよう，この問いを楽しめる知的好奇心が，読者の皆さんの心の中に少しでも生まれていたら，筆者としてこの上ない喜びである。

謝　辞

本章で紹介した研究をともに進めた，慶應義塾大学 SFC 田中浩也研究室メンバー（卒業生・現役生），共同研究先企業関係者に感謝する。また，本プロジェクトの一部は，JST COI「感性とデジタル製造を直結し，生活者の創造性を拡張するファブ地球社会創造拠点」（2013～2021），JST COI-NEXT（育成型）「デジタル駆動超資源循環参加型社会共創拠点」（2021～2022），JST COI-NEXT（本格型）「リスペクトでつながる「共生アップサイクル社会」共創拠点」（2023～2032）の研究成果である。それぞれのプロジェクト関係者やコンソーシアム参加企業に感謝する。

第 2 章
出力物体の機能性に着目したコンピュテーショナルデザイン

デジタルファブリケーションにおいて，出力した物体を期待通りに機能させるには，事前に適切な設計を行うことが重要である。しかしながら，調整すべき設計変数と出力時の機能性との対応関係はしばしば複雑であり，人間が想像しながら手作業で設計を行うには限界がある。そこで，従来は属人的であった設計のプロセスを数理的な最適化問題としてモデル化し，数理技術と計算機を駆使して拡張すること（コンピュテーショナルデザイン）によって，人間の思考力の限界を超えた高度な設計，あるいは効率的な設計プロセスを達成しようとする試みが世界中の研究者によって行われている。この枠組みでは，物体の機能性は最適化問題における目的関数や制約条件などとして定式化される。本章では，このような試みの中で扱われてきた物体の機能性や，その計算上の工夫について，研究事例を通して議論する。

2.1 コンピュテーショナルデザイン

2.1.1 コンピュテーショナルデザインとは

コンピュテーショナルデザイン（computational design）とは，**設計問題**（design problem）を数学的に定式化して，数理技術を用いて解く方法論のこと†である。ここでの設計問題とは，あらゆる設計の可能性の中から，その文脈において最も適切な設計を発見する問題のことである。デジタルファブリケーションの場合，3D プリンタでどのような 3 次元形状を出力するべきか（例えば椅子を製造する場合には強度が高く見た目が魅力的な 3 次元形状が望まれる），

† さまざまな分野で少しずつ異なる意味で用いられている言葉であるが，本章ではこの定義[1)] を想定する。

あるいはレーザーカッターでどのような2次元パターンをカットするべきか（例えば切り出したパーツを組み立てて立体形状をつくる場合には組み立てやすい2次元パターンであることが望まれる）などの問題が含まれる。図 **2.1** に示すように，例えば花瓶を3Dプリントする場合には，さまざまな形状や大きさの花瓶の設計が可能性が考えられるが，そのときに生けたい花の大きさや本数を考慮した最も適切な設計を発見するという設計問題を解くことになる。また，デジタルファブリケーションに限らず，ビジュアルデザイン，ユーザインタフェース，ハードウェアデバイス，ロボット，建築など，さまざまな文脈での設計問題もコンピュテーショナルデザインの対象に含まれる。コンピュテーショナルデザインは，**コンピュータグラフィックス**（computer graphics，**CG**）や**ヒューマンコンピュータインタラクション**（human-computer interaction，**HCI**）をはじめ，さまざまな学術分野で研究が進められている。

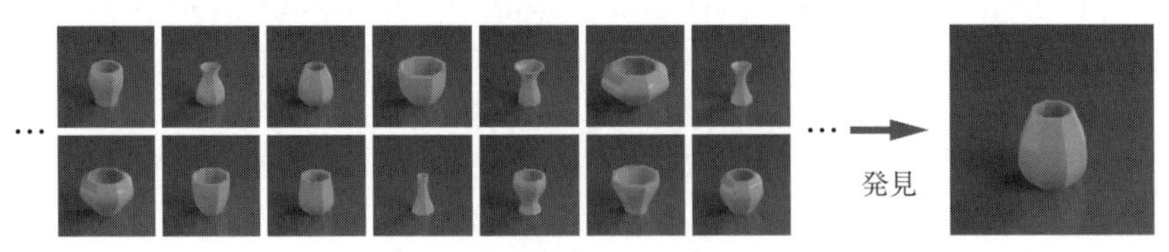

図 2.1　設計問題の模式図

多くの場合，コンピュテーショナルデザインにおける設計問題は**最適化問題**（optimization problem）の形で定式化され，数理技術を用いて自動で，あるいは半自動で解かれる。最適化問題については2.1.2項で説明する。コンピュテーショナルデザイン研究のおもな目的は，従来であれば属人的な経験や知識に基づいて人間の思考力と手作業による試行錯誤に頼って行われていた設計プロセスに対して，数理技術を導入することによって，数理技術を用いなければ達成できないような高度な設計結果や効率的な設計プロセスを達成すること[2)]である。図 **2.2** にその概念図を示す。

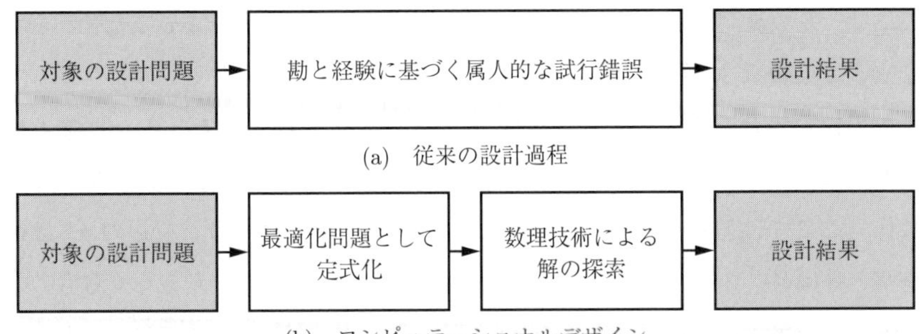

従来の設計プロセスとは異なり，数理技術を活用して解を探索する点に特徴がある。そのために，対象の設計問題を最適化問題として定式化する。

図 2.2　コンピュテーショナルデザインの概念図

2.1.2　最適化問題とは

デジタルファブリケーションにおけるコンピュテーショナルデザインについて詳述する前に，まず前提となる**数理最適化**（mathematical optimization）について簡単に説明する。なお数理最適化についてより詳しく学びたい場合は，専門の参考書[3)]を読むことをお勧めする。すでに数理最適化をよく知っている場合には本項を読み飛ばして構わない。

〔1〕 **最適化問題の基本**　　数理最適化とは，最適化問題という枠組みを通して対象の問題を解決することである。数理最適化の中で扱う最適化問題とは，**解候補**（candidate solution）の集合のうち，特に**目的関数**（objective function）の値を**最大化**（maximization）あるいは**最小化**（minimization）する解，すなわち**最適解**（optimal solution）を発見する問題のことである。直感的には，ある良し悪しの判断の尺度（目的関数）のもとで，ありうる可能性（解候補）の中から最も良いもの（最適解）を発見する問題であると理解できる。

数式を用いた最適化問題の記述方法はさまざまなものがありうるが，本章では以下のように表す。

$$\mathbf{x}^* = \mathop{\arg\max}_{\mathbf{x}\in\mathcal{X}} f(\mathbf{x}) \tag{2.1}$$

ここで，変数 $\mathbf{x}$ は**探索変数**（search variables）と呼ばれ，さまざまな値[†1]をとりうる。集合 $\mathcal{X}$ は**探索空間**（search space）と呼ばれ，探索変数のとりうるすべての値の集合を表す。また，集合 $\mathcal{X}$ の元はすべて解候補である。関数 f は目的関数[†2]と呼ばれ，変数 $\mathbf{x}$ を入力として，いわばその良し悪しに相当する実数値（ここでは値が大きいほど良いことを表す）を出力する。左辺の $\mathbf{x}^*$ は最適解と呼ばれ，変数 $\mathbf{x}$ のとりうる値のうち最も関数 f の値を大きくするものであることを表す。演算子 arg max は，下に書かれた変数（ここでは $\mathbf{x}$）の値を動かしたときに右に書かれた関数の値（ここでは $f(\mathbf{x})$）を最大化するような $\mathbf{x}$ の値，すなわち最適解を返す。**図 2.3** にこれらの概念を模式的に示した様子を示す。なお，ここでは関数値の最大化を想定したが，代わりに関数値の最小化を想定して以下のように記述する方法もある。

$$\mathbf{x}^* = \underset{\mathbf{x}\in\mathcal{X}}{\arg\min}\, f(\mathbf{x}) \tag{2.2}$$

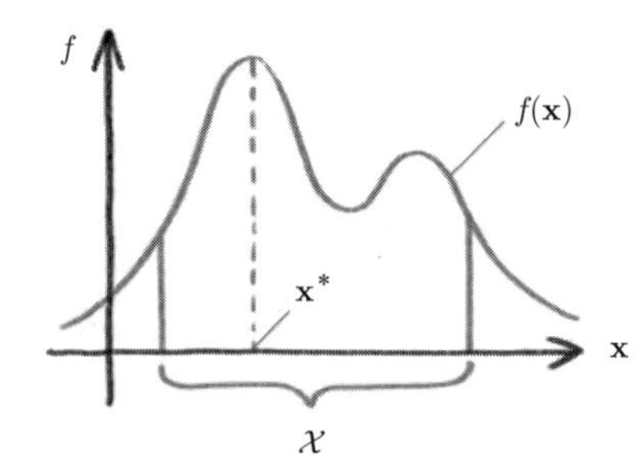

最適化問題とは，探索空間 $\mathcal{X}$ に属する探索変数 $\mathbf{x}$ のとりうる値の中から，目的関数 f の値を最大化（あるいは最小化）する値 $\mathbf{x}^*$（最適解）を発見する問題として理解できる。

図 2.3　最適化問題の模式図

なお，関数 f の符号を反転させたものを目的関数とみなすことによって最小化問題と最大化問題は相互に書き換えることができる。

さらに，問題の性質によっては**制約条件**（constraint）が最適化問題に組み込まれることがある。制約条件がある最適化問題，つまり**制約付き最適化問題**（constrained optimization problem）は，例えば以下のように記述される。

[†1] ここでの値とは，単一のスカラー値だけでなく，複数のスカラー値を束ねたベクトル値の場合も含む。

[†2] ほかに最小化を行う問題においてコスト関数（cost function）などと呼ばれる場合がある。

$$\mathbf{x}^* = \arg\max_{\mathbf{x}\in\mathcal{X}} f(\mathbf{x}) \text{ s.t. } g(\mathbf{x}) \geqq 0 \tag{2.3}$$

ここで，関数 g は**制約関数**（constraint function）と呼ばれ，上記の式においては制約が満たされているときに関数 g の値がゼロかゼロよりも大きくなり，制約が満たされていないときに関数 g の値が負になるような関数となっている。この問題は，関数 g の値がゼロかゼロよりも大きくなるような変数 $\mathbf{x}$ のうち，関数 f の値を最大化するような変数 $\mathbf{x}$ を発見する問題を意味している。

最適化問題には大きく分けて**連続最適化問題**（continuous optimization problem）と**離散最適化問題**（discrete optimization problem）がある。連続最適化問題は探索変数が連続的な値をとる最適化問題であり，離散最適化問題は探索変数が離散的な値をとる最適化問題である。例えば探索変数の値が任意の実数値（$0.23\cdots$，$-2.45\cdots$，$9.92\cdots$ など）をとりうる場合は連続最適化問題であり，整数値（2，-10，22 など）しかとらない場合は離散最適化問題である。

多くの最適化問題において，変数 $\mathbf{x}$ は多次元である。つまり，単一の値ではなく複数の値の組合せとして表現される。変数 $\mathbf{x}$ が全部で n 個の値からなる場合，i 番目の値を x_i とし，以下のように n 次元のベクトルで表すことが多い。

$$\mathbf{x} = \begin{bmatrix} x_1 \\ \vdots \\ x_n \end{bmatrix} \in \mathbb{R}^n \tag{2.4}$$

〔2〕 最適化問題の簡単な例　　以下に変数が 1 次元である簡単な（制約なし）連続最適化問題の例を示す†。

> x は実数全体をとる変数とする。$-x^2 + 4x$ の値を最大化する x の値を求めよ。

この問題は最適化問題と意識されずに解かれることが多いかもしれないが，以下のように書き換えると最適化問題とみなすことができる。

---

† ここでは変数を $\mathbf{x}$ ではなく x と表記した。慣習として，非ボールドのイタリック体はスカラー，ボールドの立体はベクトルを表すように書き分けることが多い。この例題では変数は多次元のベクトルではなく単一のスカラーであるため，ここでのみ表記をこのように変えている。

$$x^* = \arg\max_{x \in \mathbb{R}} f(x) \quad ただし \; f(x) = -x^2 + 4x \tag{2.5}$$

ここで目的関数 f は二次関数であり，平方完成すると $f(x) = -(x-2)^2 + 4$ であるため，目的関数 f を図示すると**図 2.4** のように $(x, f(x)) = (2, 4)$ を頂点とする上に凸な放物線となる。したがって $x = 2$ のときに関数 f は最大値 4 をとる。つまり最適解は $x^* = 2$ である。

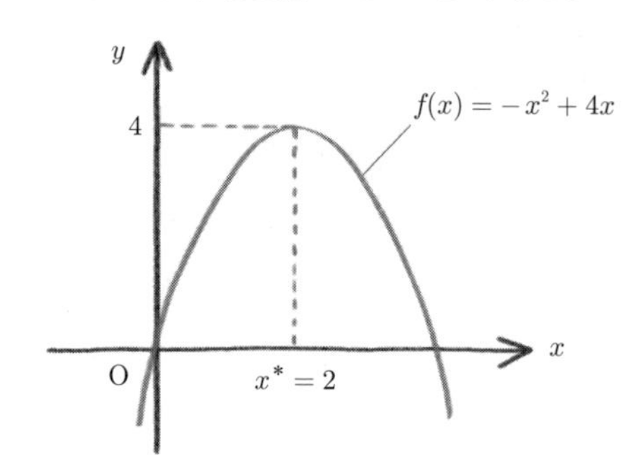

この目的関数は変数 x の値が $x = 2$ のときに最大となる。

図 2.4　1 次元の最適化問題の例

〔**3**〕 **最適化アルゴリズム**　　上記の例では手計算によって直接最適解を求めることができたが，多くの最適化問題では目的関数 f が複雑であったり変数 $\mathbf{x}$ が多次元であったりするため，別の手段が必要である。**最適化アルゴリズム**（optimization algorithm）は，最適化問題を計算機上で解くためのアルゴリズムのことである。適切な最適化アルゴリズムを選択して実行することで，人間の能力では手に負えないような複雑な最適化問題も解くことが可能になる。例えばプログラミング言語 Python で利用可能な科学計算ライブラリ SciPy[4)] には多くの最適化計算アルゴリズムが実装されており，その具体的な計算方法を知らなくても最適化計算を実行することができる。

〔**4**〕 **数理最適化**　　数理最適化とは，最適化問題としての定式化および最適化アルゴリズムによる求解を通じて，現実社会における意思決定や問題解決を実現する手段のことである。したがって，コンピュテーショナルデザインは設計問題を数理最適化によって解決する方法論だと解釈することもできる。

2.1.3　設計問題と最適化問題

設計問題に対して数理最適化を適用するには，まず設計問題を最適化問題として定式化する必要がある。これは，設計問題に登場する諸概念を，それぞれ対応する最適化問題における数学的な概念へと翻訳していく作業に相当する。この作業を行う際には，設計問題と最適化問題との間に図 **2.5** に示すような対応関係があることが役立つ。

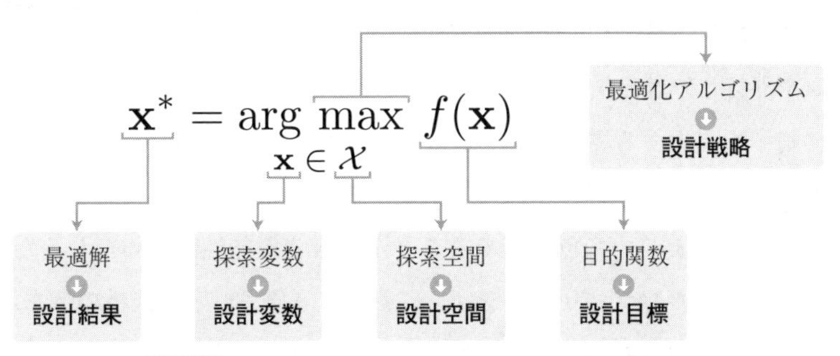

図 2.5　最適化問題と設計問題との間にある対応関係

- 最適解は，設計プロセスの結果得られる設計である**設計結果**（design outcome）と対応する。
- 探索変数は，設計時に操作対象となるパラメータである**設計変数**（design parameters）と対応する。
- 探索空間は，探索変数を操作することで到達可能なすべての設計の集合を表す**設計空間**（design space）と対応する。
- 目的関数は，どのような設計が好ましいかを定める指標である**設計目標**（design goal）と対応する。

以上が，設計問題を最適化問題として定式化する上で重要な対応である。さらに，最適解を探索する際の戦略である最適化アルゴリズムは，設計プロセスにおける試行錯誤をどのように進めるかを表す**設計戦略**（design strategy）と対応する。

2.2 デジタルファブリケーションにおけるコンピュテーショナルデザイン

デジタルファブリケーションでは出力した物体が機能的であることが求められることが多い。ここでの**機能性**（functionality）には，その物体が用いられる文脈に応じてさまざまな内容が考えられる。例えば，スマートフォンホルダーを3Dプリントによって出力する場合は，出力したホルダーが安定してスマートフォンを保持して落とさないことが機能性として求められる。また，人間が座るための椅子を出力する場合には，出力した椅子に人間の体重分の荷重が掛かっても壊れないという機能性が求められる。あるいは楽器を出力する場合には，正しい音階かつ美しい音色を奏でることができる機能性が求められるだろう。**図2.6**にデジタルファブリケーションにおいて考慮される機能性の例を示す。

出力した物体が機能的であることを確保するためには，事前に適切な設計を行っておく必要がある。しかし，調整すべき設計変数と出力時の機能性との対応関係はしばしば複雑であるため，人間が機能性を予測しながら手作業で設計することは困難であることが多い。結果として，設計変数の値を変更しては実際に出力してその機能性を評価することを繰返し行うことを通して，適切な設計変数の値を探索する作業が行われることになる。しかしこのような手作業による試行錯誤に基づくアプローチは，手間と時間が掛かるだけでなく，最も適切な設計変数の値が発見できない可能性もある。

この問題に対処するため，コンピュテーショナルデザインの方法論を活用し，デジタルファブリケーションのための設計を行う試みが，世界中の研究者によって展開されている。このアプローチにより，従来の属人的な設計方法に比べ，効率的な設計プロセスが達成されたり，高度な設計結果が実現されたりすることが期待されている。

2.2.1 デジタルファブリケーションにおける設計変数

デジタルファブリケーションにおける設計問題を最適化問題として定式化す

図 2.6 デジタルファブリケーションにおける出力物体に期待される機能性の例

るためには，まず対象とする設計変数の捉え方について考える必要がある。デジタルファブリケーションにおける設計変数は，その設計方法に応じてさまざまなものが考えられる。また設計変数の捉え方は一意ではないことが多く，同じ設計問題であっても異なる設計変数の捉え方がありうる。

例として，3D プリンタを用いて 3 次元形状を出力する場合を考える。3D プリントでは，Standard Triangulated Language（STL）などのファイル形式で記述された三角形メッシュデータをユーザーが設計し，それを専用のシステムが自動的に 3D プリンタ向けの命令データ（積層方式の場合は G-Code など）に変換して実行するのが基本的な流れである。三角形メッシュは，各頂点の 3 次元座標と，各三角形がどの三つの頂点をつないだものかを表す情報によって表現される。ある三角形メッシュの頂点数を m とすると，一つの頂点の情報は 3 次元の座標値によって表現できることから，三角形メッシュのすべての頂点の情報は $3m$ の実数値の組によって指定することができる。そのため，頂点間の接続情報が変わらないならば，この $3m$ の実数値の組を $3m$ 次元の設計変数とみなすことが可能である（**図 2.7** (a)）。このように設計変数を捉えると多様な形状を表現可能である利点がある一方で，詳細な 3 次元形状の場合には m が 100 000 を超えることもあり，人間が手作業で一つずつ値を指定したり変更したりして意義ある編集を行うことは現実的ではないという欠点がある。そのため，これらの値を直接設計変数として扱うことは稀である。さらに，コンピュテーショナルデザインの観点からも，このような高次元の探索空間で最適化計算は困難であることが多く，設計変数として扱うのに適切ではないことが多い。

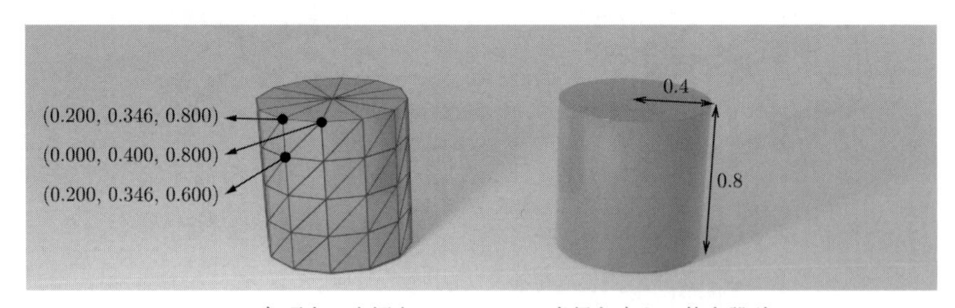

(a) メッシュの各頂点の座標を設計変数とみなす場合　(b) 半径と高さの値を設計変数とみなす場合

図 2.7 円柱状の 3 次元形状を設計する際の設計変数の捉え方の例

一般的な 3D モデリングソフトウェアには多くの便利な機能が搭載されており，前述のように三角形メッシュの頂点座標を一つずつ操作する代わりに，より少数のパラメータによって 3 次元形状を操作することが可能となっていることが多い。**パラメトリック形状モデリング**（parametric shape modeling）は，このように比較的少数のパラメータによって定義された形状のバリエーションを用いて設計を行う枠組みのことである。例えば円柱の形状が対象であれば，その円柱を表す三角形メッシュの頂点の座標を一つずつ直接操作する代わりに，その「半径」と「高さ」のたった二つのパラメータ値だけを操作することでさまざまな円柱の形状を探索することができる（図 2.7 (b)）。このように設計変数を捉えると，円柱以外の形状は表現できないという欠点はあるものの，調整するべき変数が少なく扱いやすい利点がある。また，円柱や直方体などの基本形状（primitive）をブーリアン演算によって組み合わせたり，パラメトリック曲線やパラメトリック曲面などを導入したり，面の押出し（extrude）などの操作を適用したりすることによって，より複雑な形状を表現することも可能である。この場合も，使用されている基本形状や基本操作に関する少数の変数を操作することで，形状のバリエーションを簡単に探索できる。このような考え方に基づく形状の設計は，AutoCAD，Solidworks，OpenSCAD，Rhinoceros，Houdini，Blender など，多くのソフトウェアがサポートしている。**図 2.8** に，このような考え方で記述された形状とその変数の例を示す。

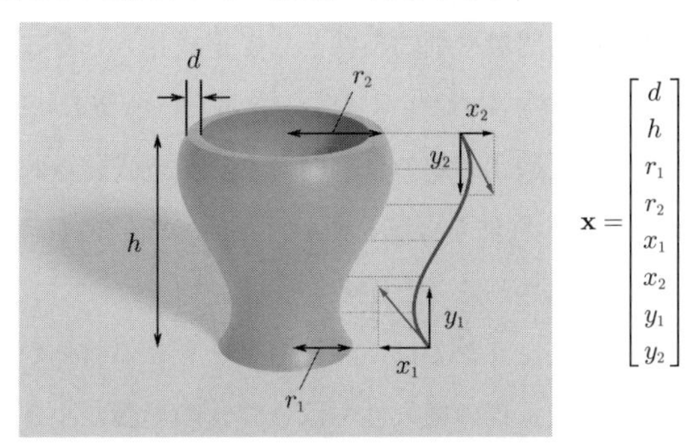

$$\mathbf{x} = \begin{bmatrix} d \\ h \\ r_1 \\ r_2 \\ x_1 \\ x_2 \\ y_1 \\ y_2 \end{bmatrix}$$

少数の設計変数を操作することで多様な形状の
バリエーションを実現することができる。

図 2.8 パラメトリック設計による形状とその設計変数の例

デジタルファブリケーションにおける設計変数は，必ずしも形状を記述するものに限らない。複数マテリアルを使用可能な 3D プリンタ（マルチマテリアル 3D プリンタ）を使用する場合は，出力形状のどの箇所にどのマテリアルを使用するかという情報（マテリアルの空間分布）も設計変数となりうる。同様に，1 章で解説したデジタルマテリアルによる製造を扱う場合には，デジタルマテリアルの空間配置が設計変数となりうる。また，3D プリンタやレーザーカッターなどを用いて出力した物体に市販の電子部品（センサやライトなど）を組み合わせて機能性を持たせる場合には，多数ある選択肢の中からどの電子部品の型番を選び，それをどの位置に取り付けるかといった情報も設計変数となりうる。

なお，人間にとって扱いやすい設計変数が必ずしもコンピュテーショナルデザインの計算上扱いやすいとは限らない。最適化計算を行うための工夫として，その設計問題の特性ごとに設計変数のとり方を工夫することがある。コンピュテーショナルデザインにおける設計変数のとり方の具体的な事例については 2.4 節で紹介する。

2.2.2 機能性を最適化問題に組み込む方法

デジタルファブリケーションにおけるコンピュテーショナルデザインでは，出力物体の機能性は目的関数や制約条件として定式化されることが多い。具体的には，「できるだけ性能を高めたい」や「できるだけ所望の状態に近づけたい」といった設計目標は，最適化問題の目的関数として定式化されることが一般的である。一方，「最低限の性能を保証したい」といった設計目標は，最適化問題の制約条件として定式化されることが多い。

デジタルファブリケーションでは，設計結果をもとに物体が出力される過程は，直接的である（製造工程の属人性やばらつきの影響が小さい）ことが多いため，設計結果から出力物体への対応は一意的である考えられる。つまり，設計が決まれば，対象となる機能性の程度も決定する。本章では，設計が設計変数の値によってのみ決定される場合を扱っているため，対象とする機能性は設計変数の関数として考えることができる。具体的には，設計変数 $\mathbf{x}$ の値を入力として機能性の程度を評価する関数 $F : \mathcal{X} \to \mathbb{R}$ を考えることができる。

〔**1**〕 **目的関数として** 機能性を最適化問題に組み込む最も基本的な方法は，対象とする機能性 F を最適化の目的関数とする方法である。数式で表現すると以下のようになる。

$$\mathbf{x}^* = \arg\max_{\mathbf{x}\in\mathcal{X}} F(\mathbf{x}) \tag{2.6}$$

これは，設計変数 $\mathbf{x}$ のとりうる値のうち，対応する機能性の値 $F(\mathbf{x})$ を最も大きくする設計変数の値 $\mathbf{x}^*$ を発見する問題を表す。この方法は，対象の機能性が高ければ高いほど望ましいときに有効である。

また，デジタルファブリケーションにおいては複数の機能性を同時に対象にしたい場合がしばしばある。対象とする機能性を例えば F_1 および F_2 の二つだとすると，これらを目的関数として以下のように最適化問題に組み込むことができる。

$$\mathbf{x}^* = \arg\max_{\mathbf{x}\in\mathcal{X}} \{w_1 F_1(\mathbf{x}) + w_2 F_2(\mathbf{x})\} \tag{2.7}$$

ただし $w_1 \geqq 0, w_2 \geqq 0$ は二つの機能性のバランスを制御するハイパーパラメータであり，特に二つの機能性がトレードオフの関係性にある際には重要となる。

〔**2**〕 **制約条件として** ある特定の機能について一定以上の機能性を保証した上で，それとは別の設計目標をできるだけ達成するものを発見したい場合がしばしばある。このような場合には，最低限保証したい機能性に関する設計目標を制約条件として最適化問題に組み込むということがよく行われる。最低限の値を保証したい機能性を F_1，値を最大化したい機能性を F_2 とすると，以下のように数式で表現できる。

$$\mathbf{x}^* = \arg\max_{\mathbf{x}\in\mathcal{X}} F_2(\mathbf{x}) \ \text{ s.t. } \ F_1(\mathbf{x}) \geqq F_1^{\text{target}} \tag{2.8}$$

ただし，F_1^{target} は機能性 F_1 が最低限満たすべき値を表す。これは，設計変数 $\mathbf{x}$ のとりうる値のうち，特に $F_1(\mathbf{x}) \geqq F_1^{\text{target}}$ という制約を満たすものの中で，機能性の値 $F_2(\mathbf{x})$ を最も大きくする設計変数の値 $\mathbf{x}^*$ を発見する問題を表す。

〔**3**〕 **逆　設　計**　　機能性を最適化計算に組み込む方法としてもう一つよく取られる方法として**逆設計**（inverse design）と呼ばれる形式がある。これは，出力物体の持つある性質の状態が理想の状態に近ければ近いほどその物体が機能的であると考えられる場合に有効な方法である。例えば楽器を設計して出力する場合であれば，できるだけ意図した音高に近い音高が鳴る場合にその楽器が機能的であると考えられる。逆設計では，理想の状態からの距離（あるいは誤差）を最小化する逆問題（inverse problem）を解くことで設計を行う。

通常の設計過程では，設計変数を指定するとそれに伴って出力物体の持つ機能性が定まる（そのような機能性をシミュレーションなどにより推定する問題を順問題（forward problem）と呼ぶ）。それに対して逆設計では，出力物体の持つべき所望の機能性を指定すると，それに合うように設計変数が最適化計算によって逆算される。これが逆設計の「逆」という接頭辞の意味するところである。図 **2.9** に逆設計の模式図を示す。

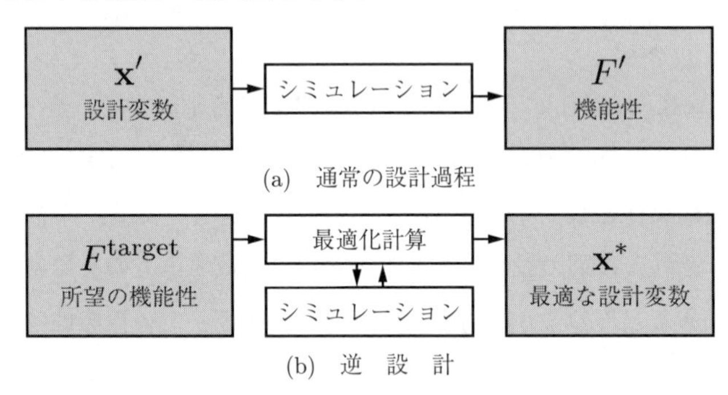

通常の設計過程（a）とは異なり，逆設計（b）では，所望の機能性を指定すると最適化計算によって適切な設計変数が逆算される。

図 2.9　逆設計の模式図

設計変数を入力として，出力物体の対象とする性質の状態を測る関数 $S:\mathcal{X}\rightarrow\mathcal{S}$ を考える。理想の状態を S^{target} とすると，機能性は以下のように表現される。

$$F(\mathbf{x}) = \mathrm{distance}(S(\mathbf{x}), S^{\mathrm{target}}) \tag{2.9}$$

ここでは，関数 $\mathrm{distance}:\mathcal{S}\times\mathcal{S}\rightarrow\mathbb{R}_{\geq 0}$ を，二つの状態間の距離を測る関数で

あると定義する。上記の式は，設計変数 $\mathbf{x}$ によって決定される出力物体の状態 $S(\mathbf{x})$ と理想の状態 S^{target} との距離で機能性が評価されることを示している。なお，関数 distance に用いるべき具体的な形式は，設計問題によって異なる。例えば性質 $\mathcal{S}$ がベクトル値で表される場合，関数 distance にはしばしばベクトル値同士の差のノルムの 2 乗が用いられる。

この機能性 F は値が小さければ小さいほど望ましいため，ここでは次のように最大化問題ではなく最小化問題を考える。

$$\mathbf{x}^* = \underset{\mathbf{x}\in\mathcal{X}}{\arg\min}\, F(\mathbf{x}) = \underset{\mathbf{x}\in\mathcal{X}}{\arg\min} \left\{\mathrm{distance}(S(\mathbf{x}), S^{\mathrm{target}})\right\} \tag{2.10}$$

逆設計は，コンピュテーショナルデザインの典型的な形式の一つであり，デジタルファブリケーションにおける設計プロセスで広く活用されている。

2.3 出力物体の機能性の種類と研究事例

本節では，出力物体の機能性を対象とするコンピュテーショナルデザインの研究事例を紹介する。特に，最適化において対象となる機能性の種類について，代表的なものを順に取り上げて紹介していく。

2.3.1 出力物体の壊れにくさ

デジタルファブリケーション機器を用いた製造においては，その出力方式や用いる材質によっては，出力した物体が十分な壊れにくさ（強度）を持つという機能性を設計段階で考慮することが重要となることがある。例えば，動物や人型キャラクタのフィギュアを 3D プリントする際，首や足などの細い部分には高い応力が発生しやすく，手にとった際などに小さな外力が加わるだけでも簡単に破損してしまう問題が起きることがある。このような場合，大きい応力が発生しにくいように設計時に形状を調整しておくことで，出力物体の壊れにくさを向上させることができる場合がある。また，一般的な工業製品の製造においても壊れにくさという機能性が必要となる場面は多い。例えば，自転車のフレーム形状の設計や建築物の設計においても，利用時に壊れてしまっては危険であるため，壊れにくさが重要な設計目標となる。

〔1〕　目的関数としての壊れにくさ　　3D プリントにおいては，出力したい形状の中身が詰まった状態（内部がマテリアルで充填されている状態）で設計してプリントアウトするか，あるいは対象となる形状の表面の「皮」の状態で設計してプリントアウトする†ことで中身を空洞にするかなどの設計の自由度がある。壊れにくさだけを考慮するなら，中身が完全に詰まった状態で設計してプリントアウトするほうが有利である。

しかしながら，いつでも中身が完全に詰まった状態で設計することが望ましいとは限らない。中身が完全に詰まった状態は，内部に空洞がある場合に比べて重くなってしまうが，例えば自転車のフレームに取り付けるパーツを 3D プリントする場合など，軽量であることが望ましいシナリオも多く存在する。さらに，中身が詰まっている設計は 3D プリント時のマテリアル消費量が増え，コストが高くなることから，その観点でも好ましくない場合がある。したがって，出力物体の機能性として壊れにくさに加えて軽量性も考慮することが適切な場合があり，そのような状況では壊れにくさと軽量性はしばしばトレードオフの関係になる。

そこで，コンピュテーショナルデザインの観点からこのトレードオフのもとでの最適な設計を決定することを考える。まず，設計変数について考える。ここでは「中身が詰まっている」と「中身が詰まっていない」の 2 値のみを持ちうる変数一つだけを設計変数とすることがありうるが，その中間状態（中身がある程度詰まっている）も連続的に扱えるとより適切な状態を発見できることが期待できる。そこで，ここでは図 **2.10** に示すように表面に一様な厚さの「皮」を考え，その厚み t を設計変数とすることを考える。このとき，厚み t の値が小さいと壊れにくさで不利になる一方で，軽量性の面では有利になることが予想される。逆に厚み t の値が大きいと壊れにくさで有利になる一方で，軽量性

† 実際には，複数パーツに分割して出力してから接合するなど，空洞部分のサポート材の除去の方法を考える必要がある。

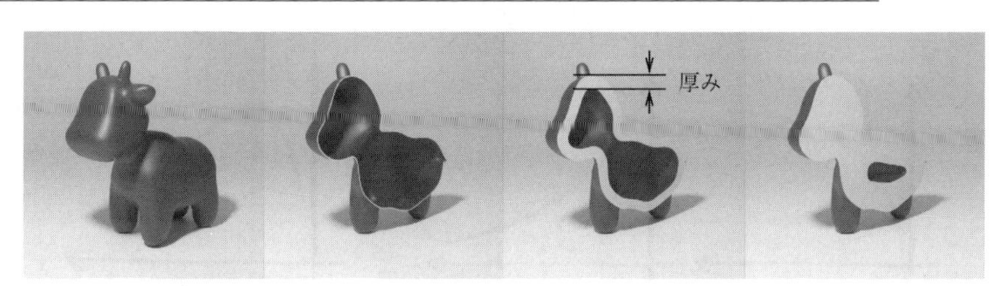

3Dプリント対象形状　厚み：小[壊れやすい] ←→ 厚み：大[重い]

表面の厚みを設計変数とすると，壊れやすさと重さとの間にトレードオフの関係がある。

図 2.10　3Dプリントする形状の内部構造の設計（口絵6）

の面では不利になることが予想される。

次に，目的関数について考える。厚み t を変数として壊れにくさを評価する関数 $F_{壊れにくさ}$，および厚み t を変数として軽量性を評価する関数 $F_{軽量性}$ を，それぞれ何らかの形で定義して，物理シミュレーションや機械学習などの数理技術を用いてコンピュータで計算可能な実装が可能だと仮定する†。ここでは，トレードオフの関係にある両者の重み付き和を目的関数として，以下のように最適化問題を定式化できる。

$$t^* = \arg\max_{t>0} \left\{ w_{壊れにくさ} F_{壊れにくさ}(t) + w_{軽量性} F_{軽量性}(t) \right\} \quad (2.11)$$

ここで，$w_{壊れにくさ} > 0, w_{軽量性} > 0$ は両者のバランスを調整するハイパーパラメータであり，事前にその値を決めておく必要がある。図 **2.11** にこの目的関数の概念図を示す。適切な最適化アルゴリズムを用いてこの最適化問題を解くことで，二つのトレードオフの関係にある設計目標のバランスをとった最適な厚みの値 t^* を決定することができる。

〔2〕　制約条件としての壊れにくさ　　上記では，壊れにくさと軽量性というトレードオフの関係にある二つの設計目標に対し，それらを表す指標の重み

† 本章では具体的な関数の定義や計算方法については省略するが，例えば壊れにくさの評価には「ある一定の外力を与えたときの内部の応力分布のうち，最も大きい応力の大きさの逆数」，軽量性の評価には「重量の逆数」などを採用することが考えられる。ここで，各値の逆数を考慮しているのは，目的関数を最大化すべきもの（値が大きければ大きいほど好ましいもの）として定義するためである。

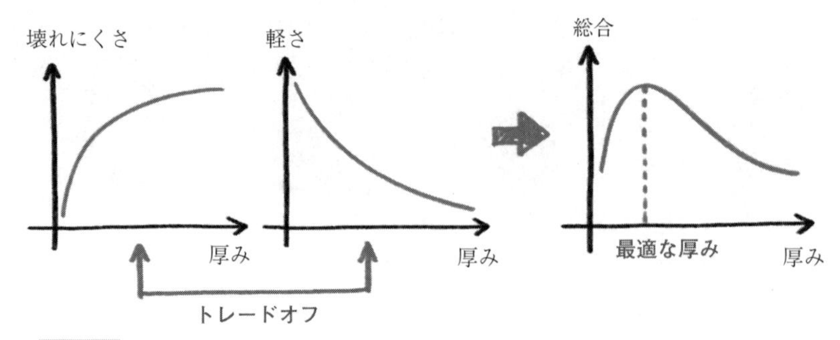

図 2.11　トレードオフの関係にある壊れにくさと軽さの関数の概念図と，それらの重み付き和を目的関数としたときの最適化のイメージ

付き和を目的関数とすることで，バランスの良い解を決定するという方針を紹介した。一方で，目的関数だけでなく，制約条件として設計目標を最適化問題に組み込むアプローチもまた有効である。壊れにくさと軽量性では，前者の機能性のほうが満たすべき最低限のラインがあり，その範囲で後者の機能性をできる限り大きくしたいという性質のものであると考えるのが自然であろう。例えば壊れにくさの値が最低限の値 $F^{\text{target}}_{\text{壊れにくさ}}$ よりも大きくあって欲しい場合，以下のように制約付き最適化問題として定式化できる。

$$t^* = \arg\max_{t>0} F_{\text{軽量性}}(t) \ \text{s.t.}\ F_{\text{壊れにくさ}}(t) \geqq F^{\text{target}}_{\text{壊れにくさ}} \tag{2.12}$$

この制約付き最適化問題を解くことで，指定した壊れにくさを確保した中で最も軽量な設計を得ることができる。

〔**3**〕 **議論：設計変数の工夫**　上記の例では，全体が一様な厚みを持っている「皮」のような状態を想定し，その厚みを設計変数とみなして最適化問題を定式化した。したがって，設計変数は厚みという一つの値のみであった。一方で，この設計変数に関する前提を工夫することで，より優れた機能性を持つ設計を発見することができる。

例えば，皮の厚みが必ずしも一様でないとして，いくつかのパラメータによって厚みの空間分布（どの部分を厚く，どの部分を薄くするか）が操作できるような仕組み†1（図 **2.12** (a)）を導入すれば，これらのパラメータを設計変数とみなして最適化問題を定式化することができる。この場合，全体が一様な厚みを持っている場合よりも表現できる状態が広がる（設計空間が広がる）ため，その分だけより好ましい解が発見できることが期待できる。例えば，応力が集中しがちな箇所のみほかの箇所よりも相対的に厚くすることによって，壊れにくさを上げつつ軽量性をある程度維持できることが期待できる。

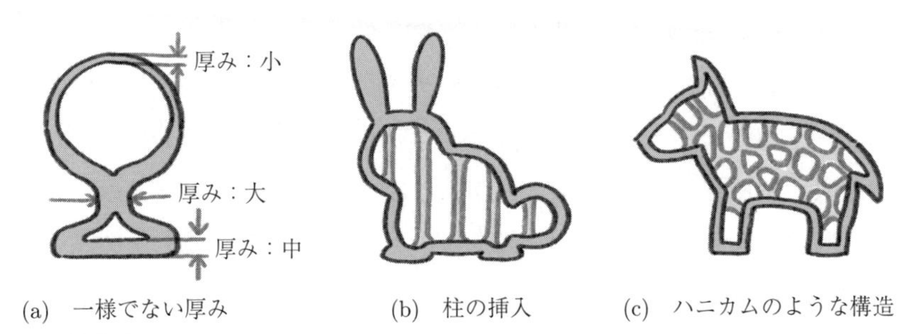

(a) 一様でない厚み (b) 柱の挿入 (c) ハニカムのような構造

図 2.12 壊れにくくかつ軽量性も優れた設計を実現するための内部構造の工夫の例

また，厚みを変化させるだけでなく，空洞部分に柱を挿入する仕組み[6]（図 (b)）を導入することによっても壊れにくさを改善することができ，厚みを変化させる場合よりもより軽量性の面で有利な状態で，同等の壊れにくさを実現できる可能性がある。この場合は，どの位置にどのような太さの柱をいくつ挿入するかが設計変数となりうる。

さらに，蜂の巣などに見られるハニカム構造は，軽さに対する壊れにくさが優れていることがよく知られており，これを活用する方法も考えられる。具体的には，手続き的にハニカム構造のような孔を生成する仕組み†2（図 (c)）を導入し，その孔の数，孔の大きさの分布，壁の厚みなどを設計変数として最適化問題を解くことで，より軽量でより壊れにくい設計が実現できる可能性がある。

†1 レベルセット法に基づく方法[5]が提案されている。

†2 ボロノイ図を用いることで近似的にハニカム構造のような構造を生成する方法[7]が提案されている。

このように，デジタルファブリケーションにおけるコンピュテーショナルデザインでは，同じ機能性を考慮する場合であっても，設計変数の扱い方について工夫を凝らすことによって，より機能性の高い設計を実現できることが多い。

2.3.2 特定の用途で使う際の性能

デジタルファブリケーションによって出力した物体がある特定の用途で使用されることが想定されている場合は，その用途における性能を最大化したいということがよくある。例として，模型のグライダー（滑空する飛行機）においては，「飛ばす」という特定の用途で使用されるので，それを投げたときの飛行性能を最大化したい[8]ということがありうる。そのほかにも，玩具のコマであれば「長時間安定して回転し続ける」という機能性[9]，音を鳴らす楽器であれば「狙った音高の音を発する」という機能性[10]，別の物体を保持するホルダーであれば「対象物を安定してホールドできる」という機能性[11]，センサを内蔵することで入力デバイスとして使用するならば「ユーザー入力を正確にセンシングできる」という機能性[12]など，それぞれの用途に特化した機能性が考えられる。

〔1〕 よく飛ぶ紙飛行機　　ここでは特定の用途で使う“もの”の性能に関するコンピュテーショナルデザインの事例として，模型のグライダー（滑空する飛行機；厚紙のような材質のボードを切り出すことで制作することを想定するので，以下では単に紙飛行機と呼ぶ）を設計し，レーザーカットした部品を組み立てることによって制作することに関する研究[8]を紹介する。ここでの具体的な制作方法としては，コンピュータ上で紙飛行機の部品の形状と組み合わせ方の設計を行い，それらの部品をレーザーカッターでボードから切り出し，スリットを通して組み合わせて固定するということを行う（図**2.13**）。なお，このような紙飛行機をよく飛ばすための知恵として，先端におもりを取り付ける方法がよく取られている。これにならい，ここでは先端付近に十円硬貨を一つ取り付けることを前提とする。

よく飛ぶ紙飛行機を設計するのは容易ではない。紙飛行機がよく飛ぶために

コンピュータ上で設計を行い，レーザーカッターで
部品を切り出して組み立てることで制作する。

図 2.13　紙飛行機の設計と制作

は，主翼と尾翼が発生させる揚力のバランスがとれている必要がある。そのためには，それぞれの翼の取り付け角を慎重に調整しつつ，同時に重心との位置関係にも気をつけなくてはならない。そのようなことを考慮しながら紙飛行機の設計を行うのは（たとえ専門知識があったとしても）容易ではなく，実際には設計と試作を何度も繰返し行うことで好ましい設計を少しずつ手探りで発見していく必要があり，これには大変な時間と労力が掛かる。さらに，典型的な形状ではなく変わった形状の紙飛行機でよく飛ぶものをつくる場合，手作業での試行錯誤で実現することはより難しくなる。

そこで，コンピュテーショナルデザインの立場から，紙飛行機の設計問題を最適化問題としてモデル化し，コンピュータによる支援のもとで，変わった形状であったとしてもよく飛ぶ紙飛行機の設計を実現することを考える。詳細は後述するが，設計変数を $\mathbf{x} \in \mathcal{X}$，目的関数を $F_{\text{飛行性能}}$ として，以下のような最適化問題として定式化することになる。

$$\mathbf{x}^* = \arg\max_{\mathbf{x} \in \mathcal{X}} F_{\text{飛行性能}}(\mathbf{x}) \tag{2.13}$$

紙飛行機の設計問題を最適化問題として捉えるために，まず設計変数について考える。ここでは，あらかじめユーザーによって 1 枚の胴体と n 枚の翼の部品の形状の設計が済んでいて，調整する必要があるのは各部品の配置であるとする。つまり，それぞれの翼の胴体に対する取り付け位置（胴体がなす平面上での 2 次元座標）と取り付け角（進行方向を右側としたときに反時計回り方向への傾きの角度)，それからおもりの取り付け位置（胴体がなす平面上での 2 次元座標）を調整する必要があり，これらを設計変数とみなす。これらの変数を**図 2.14** に図示する。これらをまとめて，次のように設計変数をベクトル形式として定義する。

$$\mathbf{x} = \begin{bmatrix} x_1 \\ y_1 \\ \alpha_1 \\ \vdots \\ x_n \\ y_n \\ \alpha_n \\ x_{\mathrm{weight}} \\ y_{\mathrm{weight}} \end{bmatrix} \in \mathbb{R}^{3n+2} \tag{2.14}$$

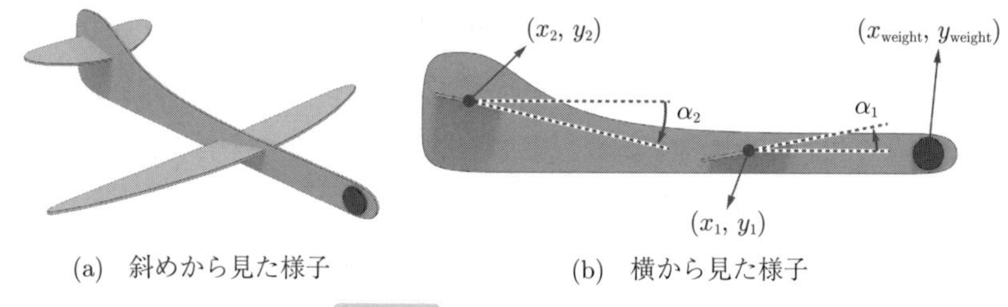

(a)　斜めから見た様子　　　(b)　横から見た様子

図 2.14　紙飛行機の設計変数

続いて目的関数について考える。ここでの目標はよく飛ぶ紙飛行機をつくることであるため，飛行性能という機能性を定式化して計算可能な形で実装し，それを最適化計算における目的関数とみなすことを考える。ただし，紙飛行機の飛行性能には広く使われている定義があるわけではないため，どのような性質を持っているほど飛行性能が高いといえるかについて考える必要がある。素朴な考え方として，実際に飛ばしたときの飛距離を飛行性能とみなす考え方がありうるが，飛距離は初期条件（投げた瞬間の速度や姿勢など）によって大きく変わるため，直接目的関数として扱うことは容易ではない。

そこで梅谷ら[8)] の研究では，次のように飛行性能を三つの性質に分解し，これらの性質を同時に持つことが飛行性能であると定義した。

$$F_{\text{飛行性能}}(\mathbf{x}) = F_{\text{ピッチ安定性}}(\mathbf{x}) + F_{\text{抵抗}}(\mathbf{x}) + F_{\text{垂直つり合い}}(\mathbf{x}) \quad (2.15)$$

一つ目の性質はピッチ回転の安定性についてである。これは，紙飛行機の頭の部分が進行方向に対して下を向いたときには上に向くようなトルクが生じ，上を向いたときには下を向くようなトルクが生じるような状態（ピッチ回転に対して復元力が働く状態）であれば安定した姿勢で飛行できるため飛行性能が高いとするものである。二つ目の性質は進行方向に対する空気抵抗の小ささについてである。これは，紙飛行機が空気抵抗（抗力）によって失速してしまう程度ができるだけ小さいほうが飛行性能が高いとするものである。三つ目の性質は垂直方向に生じる力のつり合いについてである。これは，紙飛行機に生じる重力と翼によって生じる垂直方向の揚力がつり合っているときに紙飛行機が真っ直ぐ安定して飛ぶことが期待されるため，飛行性能が高いとするものである。

このような最適化問題を解くことで，紙飛行機の部品とおもりがどのような位置関係で組み立てられるべきか（どのような位置関係であれば飛行性能が最大化されるか）を自動的に決定することができる。こうして決定した部品の位置関係をもとにシステムが自動的にスリット（レーザーカッターで切り出した部品を噛み合わせる溝）を切出しパターンに追加して設計データは完成する。

なお，設計システムが最適化計算を一度だけ行いユーザーに最適解 $\mathbf{x}^*$ を提供するような自動設計的なインタラクションがありうるが，それ以外にユーザーによる設計の最中に対話的に最適化計算を実行する設計支援的なインタラクションもまた有効である。例えば，ユーザーがある設計変数の値（例えば主翼の x 座標）を操作している最中に，その他の設計変数について次のように**最急降下法**（gradient descent method）の要領で更新を行うことで，ユーザーによる自由な設計と最適化計算による機能性向上の支援とを両立することができる。

$$\mathbf{x} \leftarrow \mathbf{x} + \gamma \frac{\partial}{\partial \mathbf{x}} F_{\text{飛行性能}}(\mathbf{x}) \quad (2.16)$$

ここで $\gamma > 0$ はステップ幅[†]を表すパラメータである。この更新手続きを繰り返し実行することで，ユーザーが操作している最中の紙飛行機が少しずつよりよく飛ぶように改善される。

以上のような方法によって紙飛行機の設計をコンピュテーショナルデザインという立場から扱うことで，たとえ変な形状であっても非常によく飛ぶ紙飛行機の設計を実現できる。**図 2.15** に示すように，アルマジロやドラゴンなどの形状を模した紙飛行機や，胴体が複数あるような紙飛行機など，手作業による試行錯誤ではよく飛ぶように設計するのが困難なものも実現できている。

〔**2**〕 **議論：異なるデジタル製造手法の利用**　上述の研究事例では，薄いボードからレーザーカッターによって部品を切り出し，胴体部品と翼部品を直角に組み合わせることでデジタルファブリケーションを行っていた。しかしながら，この製造手法では，出力できる紙飛行機がいつも板状の部品が直角に組み合わさったものに限られてしまう。例えば，実際の飛行機の翼は板状ではなくその断面は流線形になっているが，これは板状の翼よりも効率的な翼を実現でき，結果として高い飛行性能を実現できることが知られているからである。こういった3次元的な形状を持つ翼を扱うには，レーザーカッターによる部品の切出しとその組合せによるのではなく，直接3次元的な形状を3Dプリントするなど，別のデジタル製造手法を用いる必要がある。その場合は，最適化の対象とする設計変数を改めて考える必要が生じる。例えば，3次元的な翼の形状を少数のパラメータによってパラメトリック設計する手続き的なモデリング方法を考案し，そのパラメータを設計変数として扱うことが考えられる。このように，採用するデジタル製造手法が異なってもコンピュテーショナルデザインという考え方は有効であるが，特に設計変数として考慮すべき内容が異なってくる点が工夫のしどころとなる。

† 機械学習の文脈では学習率（learning rate）などとも呼ばれる。

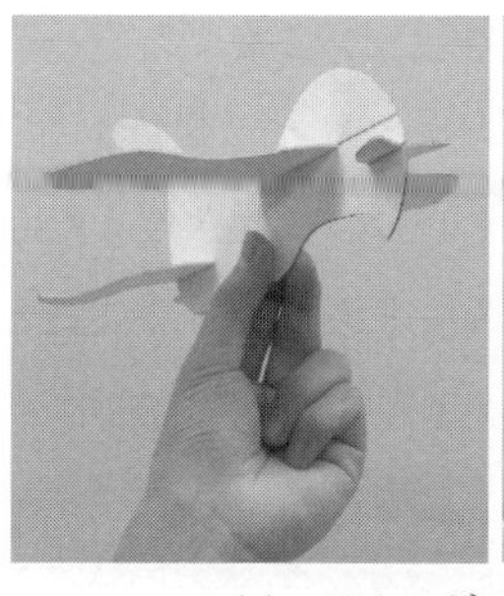
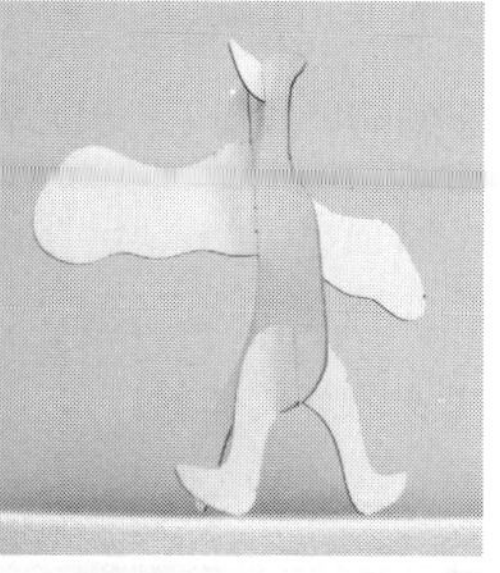

(a)　アルマジロ型の紙飛行機

(b)　アルマジロ型の紙飛行機を飛ばしている様子

(c)　ドラゴン型の紙飛行機と三つの胴体を持つ紙飛行機

図 2.15　コンピュテーショナルデザインによって設計したよく飛ぶ紙飛行機の例[8)]

2.3.3　利用時の使い心地

デジタルファブリケーションの用途の一つとして，何らかの機構を操作するための物理的なインタフェースを出力して使用することが考えられる。例えば，音響機器においては，音響に関するパラメータをユーザーが操作するためにダイヤルやスライダなどの物理インタフェースが必要である。これらの物理インタフェース部分を適切に設計し，3D プリンタなどで製造することで，自分好みに合ったものや，特定の用途で使いやすいものに置き換えたりすることが可能である。このような物理インタフェースに求められる機能性として，利用時の使い心地が重要である。具体的には，ダイヤルを回す際やスライダのノブをスライドさせる際に，ユーザーが指で感じる操作感（力覚フィードバック）が快適であることが望ましい。

〔**1**〕 **所望の力覚フィードバックを与える物体**　　ここでは，このようなデジタルファブリケーションによって出力する物理インタフェースに対し，複数の市販の永久磁石を巧みに埋め込むことによって，所望の力覚フィードバックを付与することで使い心地を向上する研究事例[13) を紹介する。ダイヤルやスライダなどの物体に埋め込まれた磁石同士は磁力によって相互作用をするが，その空間的な配置を工夫することで多様な力覚を付与できることが知られている[14)。このような用途において，ある磁石配置が生じさせる力覚フィードバックを表現する方法として，力覚曲線[14) と呼ばれる表現方法がある。スライダやダイヤルを指でつまみ 1 次元的な軌跡で動かしたとき，あたかもそこに山や谷があるかのように引力や斥力の力覚を指が感じる。力覚曲線とは，その山や谷の様子を曲線で表したものであり，どのような力覚フィードバックが得られるかを視覚的に直感的に理解することができるものになっている。図 **2.16** に三つの磁石をスライダ機構に埋め込んだときの力覚曲線の例を示す。

このような物理インタフェースの機能性とは，デザイナーが意図した通りの力覚曲線を実現できていることだと考えることができる。しかしながら，所望の力覚曲線を実現する磁石配置を試行錯誤によって発見することは難しい。その理由としては，少し磁石の角度を変えただけでも大きく力覚曲線の形が変わってしまうこと，また磁力の振舞いが直感的に理解しにくいことなどが挙げられる。

そこで，コンピュテーショナルデザインの考え方によって最適な磁石配置を設計することを考える。まず設計変数について考える。あらかじめ埋め込むための磁石の種類と個数は確定していると仮定すると，調整すべき設計変数は各

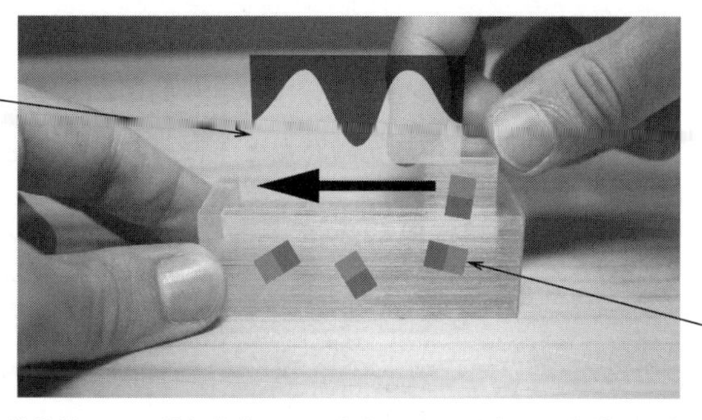

力覚曲線は，可動部を動かしたときにあたかもその曲線のような山や谷があるかのような力覚を与えることを表す。

図 2.16 デジタルファブリケーションによって出力したスライダなどの物理インタフェースに永久磁石を埋め込むことによる力覚提示[13)]（口絵 7）

磁石の位置（position）と向き（orientation）を合わせたものとなる。磁石の向きは基準となる向きからどれだけ 3 次元的な回転をさせるかによって表現できるが，その回転の数学的な表現方法にはいくつか選択肢がある。ここでは回転ベクトル（rotation vector）による表現を採用することにする[†]。磁石 i の位置を $\mathbf{p}_i = \left[x_i, y_i, z_i\right] \in \mathbb{R}^3$，向きを $\mathbf{r}_i = \left[r_i^1, r_i^2, r_i^3\right] \in \mathbb{R}^3$ と表すとすると，この設計問題の設計変数は次のように表現できる。

$$\mathbf{x} = \begin{bmatrix} \mathbf{p}_1 \\ \mathbf{r}_1 \\ \vdots \\ \mathbf{p}_n \\ \mathbf{r}_n \end{bmatrix} \in \mathbb{R}^{6n} \tag{2.17}$$

設計変数 $\mathbf{x}$ の値が与えられたときに，それが生じさせる力覚曲線 $H(\mathbf{x})$ は，物理シミュレーションによって予測することができる。

続いて，目的関数について考える。デザイナーが所望する力覚曲線 H^{target}

† 回転の表現方法の代表的なものとして，オイラー角，回転行列，回転ベクトル，単位四元数などがある。回転ベクトル $\mathbf{r} \in \mathbb{R}^3$ は，原点を通るベクトル $\mathbf{r}$ を回転軸として $\|\mathbf{r}\|$ の分だけ回転させることを表す。最適化の探索変数としては回転ベクトルを用いると都合の良いことが多い。

と，設計変数 $\mathbf{x}$ によって生じる力覚曲線 $H(\mathbf{x})$ を考え，両者をできる限り近づけたいことから，両曲線間の距離を最小化すべき目的関数と考えることができる。つまり，力覚曲線 H^{target} が与えられたときにそれにできるだけ近い力覚曲線を生じさせる設計変数 $\mathbf{x}$ の値を発見するという意味で，逆設計問題として定式化することができる。したがって，解くべき最適化問題は以下のように書ける。

$$\mathbf{x}^* = \underset{\mathbf{x}\in\mathcal{X}}{\arg\min}\left\{\text{distance}(H(\mathbf{x}), H^{\text{target}})\right\} \tag{2.18}$$

ただし distance は二つの曲線間の距離を測る何らかの関数だとする。この最適化問題を最適化計算アルゴリズムを用いて解くことで，自動的に最適な磁石の配置を決定することができる。

最適化計算によって最適な磁石の配置が得られたら，物体全体を 3D プリントする前に，磁石を埋め込むための穴を自動的に付与しておく。この穴の付与は，磁石を埋め込む方向にそのスイープ形状を計算し，もとの形状からスイープ形状をブーリアン演算によって減算することで実現できる。3D プリントしたあとにその穴に磁石を埋め込むことで，可動部を指で動かしたときにデザイナーが意図した通りの力覚を提示することができる物理インタフェースが完成する。**図 2.17** にスライダ，ダイヤル，蓋付きの小物ケースの設計例を示す。

〔**2**〕 **議論：使い心地の評価**　　上述の事例では使い心地（より具体的には利用時の力覚フィードバック）を物理シミュレーションによって予測することができるため，最適化における目的関数はコンピュータによって計算可能であった。一方で，使い心地を定量化するには人間による認知的な評価が必要なこともある。事前にさまざまな設計変数の値で物体を出力し，ユーザーによる認知評価実験を実施して認知データの取得ができる場合には，それを訓練データとして機械学習モデルを構築することでコンピュータによって計算可能にするというアプローチが有効である。このアプローチによって，藤縄ら[15)] はバーチャルリアリティ（virtual reality）体験における手持ちコントローラの設計に関して，実際に持っている形状とユーザーに認知される形状が異なるようなコント

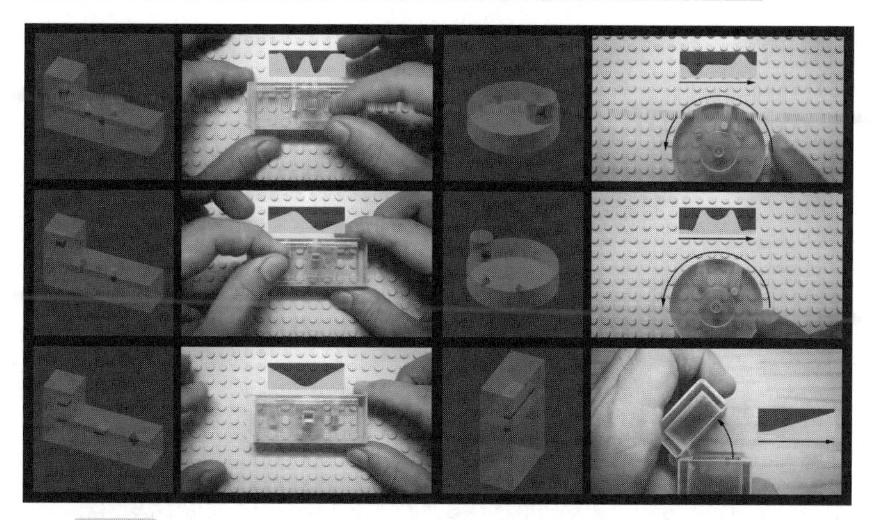

図 2.17　磁石による力覚を埋め込んださまざまなデジタルファブリケーション例（スライダ，ダイヤル，蓋付きの小物ケース）[13]（口絵 8）

ローラを設計するコンピュテーショナルデザイン手法を提案した。

2.4　最適化の対象となる設計変数の種類

前節で取り上げた研究事例では，対象の 3D オブジェクトの表面の厚み，紙飛行機の部品の取り付け位置と角度，物理インタフェースに埋め込む磁石の空間配置などが最適化の対象の設計変数となった。以下では，それ以外の設計変数について，どのようなものがコンピュテーショナルデザインの対象として扱われるかを紹介する。

2.4.1　3 次 元 形 状

デジタルファブリケーションでは出力物体の 3 次元形状そのものの設計が最も重要となることが多いため，3 次元形状に関連する設計変数を考えることが多い。2.2.1 項で円筒を例として説明したように，設計の対象としている 3 次元形状が元々パラメトリック形状モデルとしてデータ表現されている場合には，それらのパラメータを設計変数とみなすのが妥当なことが多い。以下ではそれ以外の場合について述べる。

3次元形状には大きく分けて，外からは見えない物体の内部形状と，外から見える物体の外部形状があり，それぞれで有効なアプローチが異なることがある。内部形状を取り扱うための設計変数としては，2.3.1項ですでに触れられているように，一様な厚み，非一様な厚み，柱の挿入位置や数，ハニカム構造の密度や孔の大きさなどが考慮されることがある。これらの設計変数を最適化の対象とすることで，壊れにくさと軽量性の両者をバランス良く考慮した最適な設計を最適化計算によって探索することができる。

一方，外部形状を取り扱うための設計変数については，ハンドルに基づく変形手法を用いる方法がよく採用される。ハンドルに基づく変形手法とは，あらかじめいくつかの変形ハンドルを物体形状に対して定義しておき，それぞれの変形ハンドルの位置・向き・スケールの値を操作することによって形状を変形するというものである（図 **2.18**）。このときの操作の自由度を設計変数とみなすことで，3次元形状を最適化することができる。なお，変形ハンドルを実装するには，線形ブレンドスキニング（linear blend skinning）などのスキニング技術を利用できる。

(a)　変形前の様子

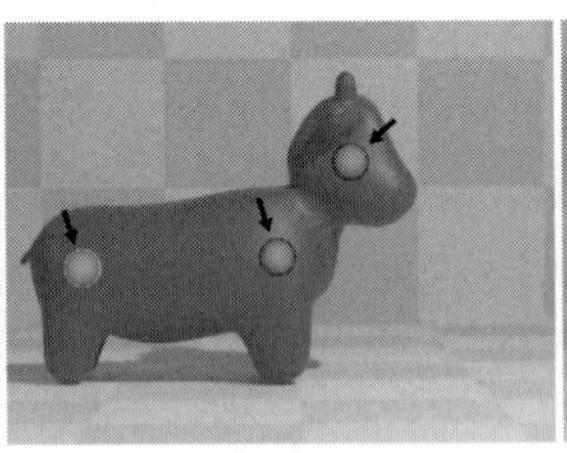

(b)　左の変形ハンドルの位置を操作して変形させた様子

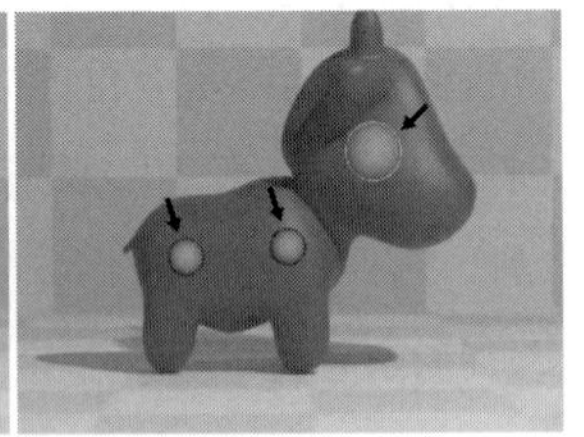

(c)　右の変形ハンドルのスケールを操作して変形させた様子

それぞれの変形ハンドルの位置，向き，スケールを設計変数として形状の最適化に用いることができる。

図 2.18　変形ハンドル（矢印で示した部分）を用いた形状の変形例

また，これらのアプローチとは異なる考え方として，3 次元空間を 3 次元格子（ボクセル格子）状に区切り，各格子（ボクセル）が，素材が充填されているか，あるいは何もないかの 2 値のいずれかを保持することで，3 次元形状を表現するという方法が存在する。この方法を用いて，全格子における値の組合せを設計変数として扱い，最適化計算を実行することが考えられる。しかしながら，例えば 3 次元格子が縦横奥行きでそれぞれ $(64, 64, 64)$ の解像度を持つ場合，設計変数は $64 \times 64 \times 64 = 262\,144$ 次元もの高次元ベクトルとなり，これを対象に最適化計算を実行して有効な解を発見することは困難である。そこで，この問題を効果的に解くことに特化した技術として，**トポロジー最適化**（topology optimization）が知られており，多くの製造業界で注目されている。Autodesk 社による Fusion 360 などのソフトウェアがこの機能を提供している。トポロジー最適化によって出力された 3 次元形状の設計は，多数の穴を持つなど複雑になってしまうことが多く，従来の鋳造などの製造方法とは相性が悪いことがある。デジタルファブリケーションにおける製造方法では，このような複雑な形状も出力可能であることが多く，相性が良いと考えられる。

2.4.2　物体表面の凹凸

出力物体の表面に適切な凹凸を付与しておくことで，特定の機能性を持たせることができる場合がある。そのため，物体表面の凹凸はしばしばコンピュテーショナルデザインの探索変数として扱われる。

例えば，アクリルなどの素材でできた板の表面に凹凸をつけておくと，それに平行光を当てたときに光の屈折による集光現象が起きることがあるが，その凹凸を工夫することで，集光現象を用いて所望の画像を提示できるという機能性を持たせることができる。このような凹凸は CNC ミリングマシンなどで削り出すことで製造することができる。**図 2.19** にそのような例を示す。しかしながら，このような集光模様を実現する凹凸を人間が手作業で付与するのは現実的ではない。そこで，逆設計の考え方によって，所望の集光模様を実現する状態にできるだけ近づけるような凹凸を発見する最適化問題を解くことで，こ

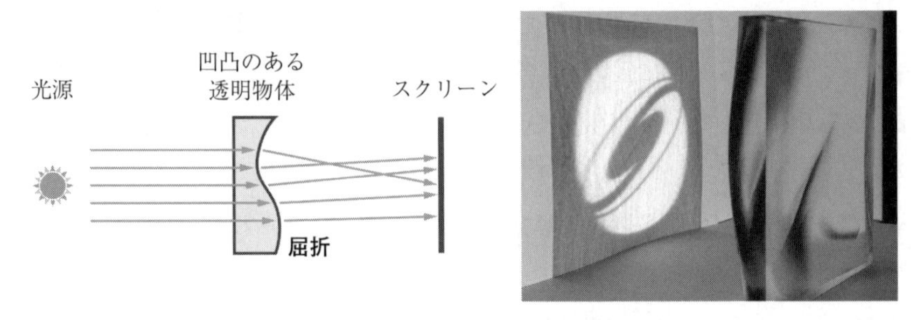

アクリルなどの透明物体の表面の凹凸を適切に設計することによって実現できる。

図 2.19　集光現象を利用してスクリーン上に所望の画像を提示できるように設計した例[16]〔画像提供：楽 詠灝〕

れを実現することができる[16]。

また，物体表面における細かな凹凸は，指などで擦ったときの摩擦に影響する。これを応用して，出力物体の表面に適切な凹凸を付与しておくことで，理想的な触り心地を持つという機能性を実現することができる。このような細かな凹凸は，例えばインクジェットプリンタを用いて製造することができる。研究事例としては，スタイラスペンの理想の描き心地を最適化計算を通して実現する研究が挙げられる[17]。なおこの研究では，細かな凹凸を設計変数として効果的に扱うために，ガボールノイズと呼ばれる手続き的テクスチャ[18]のパラメータを利用するという工夫を行っている。

2.4.3 部品の配置

デジタルファブリケーションでは，必ずしも完成品を一つの製造工程で出力するだけでなく，多数の部品を出力して組み立てたり，既製品の部品と組み合わせたりすることで完成品を製造することがしばしばある。これらの部品の配置設計が完成品の機能性と直結することが多いため，部品を配置する位置と向きを設計変数として最適化計算を実行することがある。2.3.2 項では，翼やおもりの取り付け位置と角度を設計変数として，飛行性能の高い紙飛行機を設計する事例を紹介した。また，2.3.3 項では，磁石を埋め込む際の位置と向きを設計変数として，所望の力覚フィードバックを与える物体を設計する事例を紹介した。加えて，センサ[12]やアクチュエータ[19]を組み込んだ物体を製造する際にも，効率的なセンシング機構の動作を実現するために，これらの部品を設計変数として最適化計算により適切な配置を行うことができる。

2.4.4 微細構造・パターン

3D プリンタやレーザーカッターなどのデジタル製造機器の利点の一つとして，高度に複雑な微細構造や繰返しパターンなどを容易に扱うことができる点が挙げられる。この微細構造や繰返しのパターンをうまく設計することで，マクロな視点で見たときに本来の材料とは異なる機械的性質（弾性など）を持った材料のように振る舞わせることが可能である。このような材料を**メカニカルメタマテリアル**（mechnical metamaterial），あるいは1章で紹介したように**アーキテクテッドマテリアル**と呼ぶ。

例えば，紙は引っ張ってもほとんど伸びない材質だが，七夕飾りなどで見られる「天の川」という切り紙作品は引っ張るとよく伸びる。これも広義にはメカニカルメタマテリアルの例の一つであると言える。デジタルファブリケーションにおいては，例えば，硬質な PLA 樹脂などの単一マテリアルに基づく 3D プリントであっても局所的に微細構造を導入することによってその部分だけを柔らかくしたり[20]，本来は曲げることが困難な木材に対してレーザーカッターで切り込みのパターンを入れることで曲げられるようにしたり[21]する用途で，メカニカルメタマテリアルのアイデアが活用されている。こうした微細構造や繰り返しパターンをパラメトリックに表現しておけば，そのパラメータの空間分布を設計変数として最適化計算を実行することができる。例えば椅子の設計の場合，座面や背面などの柔らかさの空間分布を適切に設定することで座りやすくなるように最適化することが考えられる。

2.5 発展的な話題

2.5.1 機能性以外の設計指針

〔1〕 製造に掛かるコスト・製造可能性　デジタルファブリケーションの過程は，大まかに分けて設計・製造（物体出力）・利用の三つの段階（図 **2.20**）がある。設計時に考慮すべきこととして本章でこれまでに議論してきた出力物体の機能性は，利用の段階における評価指標である。一方で，製造の段階での評価指標にも注目して設計を行うこともまた重要である。コンピュテーショナルデザインは，利用時の機能性の最大化だけでなく，製造時のコストを抑えたり製造可能性を考慮したりする上でも有効な方法論である。

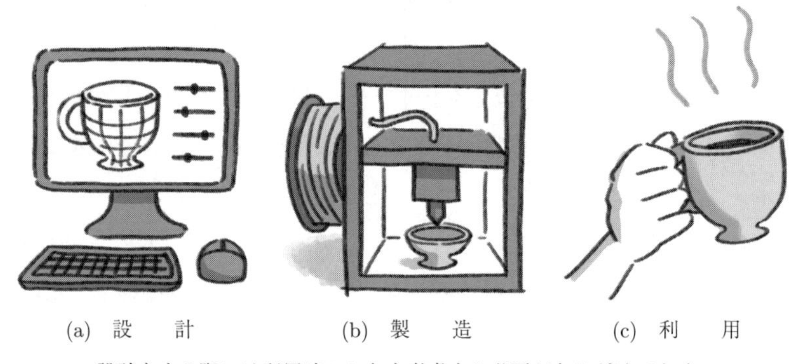

(a) 設　計　　(b) 製　造　　(c) 利　用

設計をする際には利用時のことを考慮する必要があるだけでなく，製造時のことを考慮すべきこともある。

図 2.20　デジタルファブリケーションにおける三つの段階

3D プリンタを用いて物体を製造（出力）する際には，マテリアル（例えば熱溶解積層方式であれば熱可塑性プラスチック材料）の消費量が直接金銭的コストとなる。また，マテリアル消費量が多いと，製造時の時間的コストも増加することが一般的である。2.3.1 項で紹介した例では，出力物体の軽量性を利用時における機能性と捉えていたが，マテリアルの消費量と出力物体の軽量性は連動しているため，3D プリント時の金銭的・時間的コストを低減するための設計上の工夫も同時に行われていると解釈できる。

また，複数のデジタル製造手法を組み合わせることでより金銭的・時間的コストを低減できる可能性がある。例えば，複雑で細かい3次元形状の表現が得意な3Dプリンタによる製造と，直方体などの単純な3次元形状であれば素早く安価に出力できるレーザーカッターによる製造とを適切に組み合わせるように設計を変更することで，製造全体の金銭的・時間的コストを削減する試みも存在する[22)]。

デジタルファブリケーションでは，デジタル製造機器による出力後に，サポート材の除去，組立て，後処理加工など，手作業のコストが発生することがある。設計時に適切な工夫を行うことで，このような手作業のコストを低減することが可能なことがある。例えば，レーザーカッターによって切り出されたパーツを組み立てる際，組立て時のパーツ間の位置関係や組立て順序を考慮して，切出し時のパーツの位置関係を設計することで，より短時間で，より少ない認知負荷で組み立てることが可能になる[23)]。ほかにも，デジタルファブリケーションの対象としてパビリオンなどの建造物を扱う場合でも，例えば組立て時に必要となる仮設の支えの数を最小化するように設計段階から考慮しておくことで，手作業のコストを低減できる[24)]。

デジタル製造方法によっては，設計が適切でなければ製造自体が不可能である場合が多々ある。例えば，モールドキャスティングや3軸CNCミリングマシンによる切削加工による製造を行う際，出力対象となる形状は**ハイトフィールド**（height field）と呼ばれるデータ構造で表現可能な形状である必要がある。しかしながら，特にキャラクタや動物などの3次元形状は多くの場合複雑であり，ハイトフィールドとして表現できないため，そのままでは製造できない。そこで，多数の部品に分割し，許容できる程度の少量の変形を与えることによって**製造可能性**（manufacturability）を保証するような自動設計最適化が提案されている[25),26)]。

〔**2**〕 **主観的な好み**　デジタルファブリケーションにおける設計指針として，利用時の機能性や製造時のコストを考慮することが重要であると述べたが，

それ以外の重要な指針として，デザイナーや利用者の主観的な好みも考慮すべきである。例えば，椅子を設計する際には，同じ機能性であれば（あるいは多少機能性で劣っていたとしても）見た目が美しいほうが設計として優れていると考えられることがある。

機能性は物理シミュレーションなどによって定量評価が可能であるが，主観的な好みは定量評価が難しいため，設計時にこれを考慮するためには工夫が必要である。そのような工夫には，大きく分けて，設計前に主観的な好みをモデル化しておくアプローチと，設計時に主観的な好みを反映できる仕組みを用意するアプローチの二つが考えらえる。設計前に主観的な好みをモデル化する方法として，デザイナーに好ましい設計の例示をしてもらい，例示との距離を近づけるための専用の目的関数を構築し，最適化計算に組み込む手法[27]がある。また，設計とその好ましさの値の大量のペアデータがあれば，機械学習の回帰モデルを活用して同様の仕組みを実現することが可能である。設計時に主観的な好みを反映するには，最適化計算の実行方法そのものを改変する必要がある。一つの方法として，最適化アルゴリズムの反復計算において解を更新する際に，デザイナーが手動で解を対話的に操作することが考えられる[8]。さらに，主観的な好みという目的関数を明示的に考慮し，その最大値を発見するための質問を最適化システムがデザイナーに対して繰り返すことで，最適化計算を実行する**ヒューマンインザループ最適化**（human-in-the-loop optimization）の枠組み[28]を活用することも考えらえる。

2.5.2　コンピュテーショナルファブリケーション

使用する素材や製造方法などに由来する制約が人間にとって想像困難なほど複雑であったり，人間が扱えないほど多くの設計変数がありそれらが相互作用したりするとき，人間が手動で意味のある設計をすることは難しい。このようなとき，最適化計算を活用した設計や製造の制御を行うことで，初めて有効なデジタル製造が可能となる場合がある。このような数理技術に基づく設計を前提とした新しい（複雑な）デジタル製造手法やそれを実現する試みを指してコンピュテーショナルファブリケーション（computational fabrication）と呼ぶことがある。

例えば，温度などの環境要因に応じて形状が時間変化する素材や機構を組み込んでデジタル製造する方式（**4D プリント**）[29]では，変化後の形状を想像して素材や機構の設計を行う必要があるため，数理技術の支援なしに複雑な設計をすることは難しい。そこで，「変形後の形状ができるだけ所望の形状に近い」ことを機能性とみなして，コンピュテーショナルデザインのアプローチからそのデジタル製造手法に特有の設計変数（素材や機構の配置やその制御変数の値の空間分布）を調整するということがよく行われる[30)~32)]。このように数理技術による設計を前提とした 4D プリントの枠組みは，コンピュテーショナルファブリケーションの代表例の一つである。

図 2.21 に 4D プリントの作例を示す。この作例はインクジェットプリントを活用して製造されており，製造時点では平面形状であるため，3D プリントと異なりサポート材を必要としない，出力物体の保管や運搬が容易であるなどの利点がある。利用時には温水に浸すなどにより一度高温にすることで，自動的

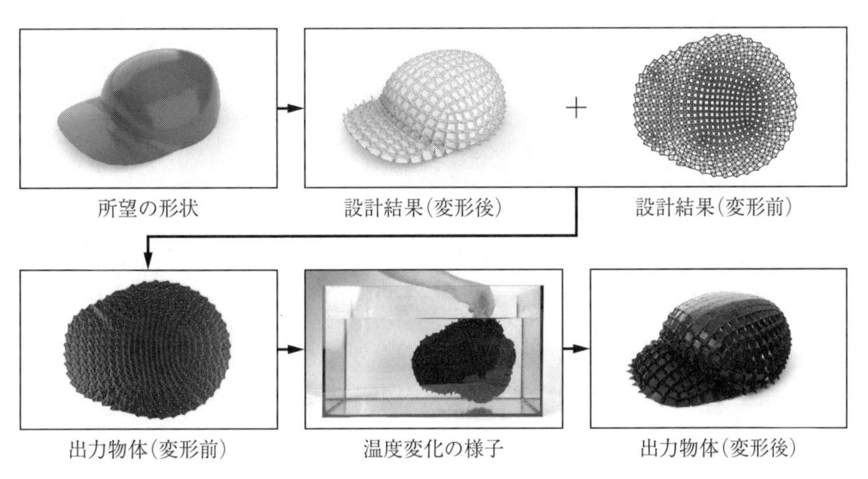

製造直後は平面形状だが，温水によって熱を与えることで所望の立体形状へ変形する。

図 2.21　4D プリントを用いた帽子の作例[32)]〔画像提供：鳴海紘也〕（口絵 9）

に所望の立体形状へと折り紙の仕組みで変形する。逆設計のアプローチにより，変形時に所望の立体形状となるように平面パターンの設計を計算している。

2.6 む す び に

本章では，デジタルファブリケーションにおいて出力物体の機能性に焦点を当てたコンピュテーショナルデザインについて紹介した。デジタル製造機器を用いて出力されたものが機能的であるためには，事前に適切な設計を行う必要があるが，この設計プロセスを最適化問題とみなしてモデル化することで，適切な設計を実現しようとする試みである。本章では，3D プリンタやレーザーカッターなどのデジタル製造機器を用いて，使い心地を適切に調整した物理インタフェースなど，身近なものを出力する例について詳しく述べた。

デジタルファブリケーションにおけるコンピュテーショナルデザインは，身近なものを設計するだけでなく，さまざまな分野と結び付くことで応用可能性が広がる。例えば，建築分野では，デジタル製造機器を導入することで初めて可能になる新しい建築方法の設計を可能にしたり[33)]，パーツ間を接合しなくても安定して組み立てることができる建築パーツ群の設計を可能にしたり[34)]することができるようになる。医療・リハビリテーション分野と結び付けば，対象となる個人の体格に最も適した形状の義手・義足を設計することができるだろう。また，ロボティクス分野では，ロボットの動きのプランニングを計算しながらロボットの設計そのものも最適化していくことで，例えばより効率的に歩くことができるロボットを実現できるかもしれない[35)]。このように，今後のさらなる研究によって技術が進歩することで，デジタルファブリケーションとコンピュテーショナルデザインは，私たちの生活において多様な面から有益な影響をもたらす。

第 3 章

インタラクティブなものづくり

デジタルデータを介して物体を造形したり，物体の情報をコンピュータに取り込むデジタルファブリケーション技術およびその機器は，ものづくりの道具の発展形であるとともに，コンピュータの新しい入出力インタフェースと捉えられる。私たちがモニタやスピーカを介してコンピュータで映像や音声を操作するのと同じように，デジタルファブリケーションはコンピュータを通して実物体をつくり，操ることを可能にする。本章では，インタフェースの側面からデジタルファブリケーション技術を概観し，より「ものづくりをインタラクティブに展開する」方法について述べていく。さらに，本章の後半では「インタラクティブなもの」をつくる手法やその応用について扱う。外部からの入力や刺激に応じて形や色などの特性が変化する機能を持つもののファブリケーション，およびインタフェースとしての活用について，研究動向を交えて紹介する。

3.1 身近になるものづくり

立体物を造形する 3D プリンタ，素材に彫刻・切削を施すレーザーカッタ，立体物の形状をデータとして取得する 3D スキャナなど，デジタルデータを通して制御されるデジタル工作・計測機器，そしてデジタルデータの利用を前提としたものづくりのプロセスは**デジタルファブリケーション**と呼ばれる。

MIT 教授の Neil Gershenfeld が**パーソナルファブリケーション**（personal fabrication）[1] と呼んだように，デジタルファブリケーションは高度な製造を可能にするだけでなく，ものづくりを専門家のみならず非専門家にも解放し，工場や工房のみならず家庭や学校など個人の生活や趣味の場にもものづくりに携わる機会を広げてくれる。

デジタルファブリケーションにおいて，より多くの人がものづくりの当事者「メイカー（maker）」として振舞い，データや機械を使いこなすために，ユーザインタフェースの工夫が欠かせない。新たなインタフェースを携えることで，ものづくりのプロセスがよりユーザー（メイカー）フレンドリーになり，これまで自力ではつくれなかったようなものをつくることも可能になるかもしれない。

筆者が活動の軸とする**ヒューマンコンピュータインタラクション**（human-computer interaction，以後**HCI**）やコンピュータグラフィックス（CG）の研究領域でも，研究者たちはデジタルファブリケーションに注目し，情報技術の観点から貢献を続けている。CHIやUIST，SIGGRAPH（いずれもACM主催）など分野のトップカンファレンスと呼ばれる国際会議で毎年デジタルファブリケーションに関する論文が多く発表されている。

デジタルファブリケーションとHCIとの接点を考えるにあたり，まずコンピュータの入出力について考える。コンピュータはそれ単体では文字通り計算を司どる機械である。しかし，インタフェース（入出力装置）と接続されることにより，外部との相互作用（インタラクション）を取ることが可能になる。例えば，モニタやカメラを介してコンピュータは視覚情報（文字・映像・画像等）を入出力することができる。同じようにスピーカやマイクロフォンを介して聴覚情報（音声・音楽等）をやり取りできる。これにより，ユーザーは，**GUI**（graphical user interface：**グラフィカルユーザインタフェース**）として知られるアイコンやウィンドウなど感覚的・経験的にわかりやすい操作でコンピュータを操ることが可能になる。インタフェース技術の可能性は視聴覚情報の入出力にとどまらず，タッチや力，ジェスチャ，香り，味など，複合的な感覚情報を介して入出力を行うための技術開発が盛んに進められている。

この観点で見れば，デジタルファブリケーション機器をコンピュータの新しいインタフェースと位置付けられる。このインタフェースは，コンピュータが「物体」を入出力することを可能にする。デジタルデータがモニタ上で視覚情報として表現されるように，コンピュータで計算されたデータが3Dプリンタを通すことで実体物として出力される。また，3D スキャナを接続することで実体の形状等の特徴をデジタルデータとして取り込むことが可能になる。

映像・音楽などつかむことができない情報を主体にインタラクションを展開していたコンピュータは，デジタルファブリケーション機械をインタフェースとして実体を入出力できる機能を手にして，私たちユーザーの体験をいかに変え，豊かなものにしてくれるだろうか。本章では，インタフェース技術やインタラクションデザインの観点からデジタルファブリケーション領域を概観し，その事例や展望についてまとめる。さらに，ものの造形だけではなく，センサやアクチュエータと一体化して，形状を動的に制御しインタラクションに用いる研究の高まりに触れ，形状ディスプレイあるいは形状変化インタフェースと呼ばれる研究領域の兆しや課題についても，筆者らの取組みを含めて取り上げる。

3.2　デジタルファブリケーションを取り巻くインタフェース

3.2.1　デジタルファブリケーションのプロセス

まず代表的なデジタルファブリケーション機器として，3D プリンタに注目する。3D プリンタは一般的には底面から層状に素材を配置し，積み重ねることで立体的な形状を得る。この造形は，**アディティブマニュファクチャリング**（additive manufacturing：**積層製造**あるいは**付加製造**）と呼ばれ，すでにナノスケールから建築スケールまでさまざまな大きさ・形・構造の造形を可能にする 3D プリンタが開発されている。

ここで，例として 3D プリンタを用いる際の設計から造形までの一般的な流れを概観してみる。

〔1〕 **形状データの作成**　ユーザーはまず，造形したいオブジェクトの形状を定め，デジタルデータとして記述する。設計作業の支援のためにはさまざまなツールやプログラムが開発されているが，一般的には 3D CAD（computer-aided design）によるモデリングソフトウェアが用いられる。

〔2〕 **3D プリンタ制御データへの変換**　設計作業が完了すると，その 3D

モデルデータに基づいて3Dプリンタを制御するためのデータを生成する。積層方式の場合にはスライサと呼ばれるソフトウェアを用いることで，座標軸に応じた**NC**（numerical control：数値制御）**機械**（この場合は3Dプリンタ）のモードや挙動を指定するデータ（G-Code）へと変換される。

〔**3**〕 **3Dプリント**　上記のデータを入力することで3Dプリンタが動き出す。3Dプリンタは，素材を熱で溶かして層状に積み上げていくことで立体形状を造形する**FFF**（fused filament fabrication：**熱溶解樹脂積層**）**方式**や，紫外線を照射することにより樹脂素材が硬化する特性を用いて立体形状をつくる**SLA**（stereolithography：**光造形**）**方式**など，市販の3Dプリンタでもさまざまな造形手法がとられる。これらの多くは，スライスされた形状を1層ずつ造形していくもので，オブジェクトの大きさや精度にもよるが，出力には数時間～数十時間掛かることもある。

この過程を経て，私たちはデジタルデータから物理的な形状を持つオブジェクトを生み出し手にすることになる。オブジェクトの造形がその場で1個から行えるという点で，従来の工場での造形プロセスやそれに要するコストを考慮すると，随分手早くものを手に入れることができるようになったといえよう。実際に3Dプリンタはその手軽さを生かして，完成品の製造のみならずアイデアの具体化・共有などのためのプロトタイピングに取り入れられることも多い。

一方で，リアルタイムに近い速度で出力される映像や音楽などと比べてみると，3Dプリントはユーザーがデータを入力して，実際に物体を手に取るまでにまだ数時間～数日待つ必要がある。コンピュータのインタラクションとしてデジタルファブリケーションを見たときには，時間が掛かると感じる上に，ユーザーに求められる手数も多い。コンピュータの魅力である「対話性」や「即時性」を生かし，現状に満足せずデジタルファブリケーションのさらなる可能性を引き出すことがHCI研究に求められる課題であるともいえる。

3.2.2　対話的なファブリケーション

前項でも述べたように，映像や音声を介したコンピュータの操作の多くは対話的に行われる。特に映像や音楽コンテンツ制作においては，ユーザーからの操作がコンテンツに即座に反映され，その結果を見ながら（聞きながら）インタラクティブに設計・変更を行える環境が整っている。

これに対して，3.2.1 項で挙げた 3D プリンティングのプロセスを見てみると，モデルデータの作成まではコンピュータ画面上で対話的に進められる。しかし，モデリングデータを保存し，3D プリンタが稼働し始めたあとは，ユーザーは基本的にその内容に手を加えることはできず，デジタルファブリケーション機器によって加工・造形されるプロセスを待つのみである（電子レンジやオーブンで調理する際に，加熱処理が終わるまで中の料理の味見をしたり調味料を加えたりすることができないという状況に似ている）。

では，このような一方向的に進行する造形プロセスに対して身体性や対話性を持ち込むことはできないだろうか。この問いに対する一つのアプローチとして，HCI 研究者の Karl D. D. Willis ら（当時，カーネギーメロン大学）が提唱したのが，**インタラクティブファブリケーション**（interactive fabrication）という考え方である[2)]。これは，手作業による sculpting（彫刻）の造形プロセスとの対比で説明される。

彫刻において木などの対象物を彫り込んで立体形状を与える際，私たちは手のひらや彫刻刀などで素材に直接触れながら物理的に形を与えていく。その過程では，形を確かめながら意匠を変えたり，偶発的に生まれた形を生かしながら形を決めたりと，身体や道具を介して素材と対話的に造形を進めることができる。ここでは設計と造形のプロセスは重なり，明確な境目を持たない（造形の最後まで設計変更の余地がある）。一方，一般的な 3D プリンティングの工程では，ユーザーが実体としてのオブジェクトに触れることができるのは造形が「完成」したあとである。造形プロセスの中でユーザーと物理的な素材とのインタラクションの機会はほぼ存在しない。この場合は，私たちは造形の前に設計のプロセスを完了させる必要がある。

このような制約に対して，Willis らのインタラクティブファブリケーションは，コンピュータとデジタルファブリケーション機器で構成されるシステムをユーザーと物体との間のインタフェースとして捉え，あたかも彫刻をつくるように，ユーザーがオブジェクトと対話しながらファブリケーションを進行できるシステムを提案した。次にその具体的な例を挙げる。

3.2.3 デジタルファブリケーション装置の直接操作

インタラクティブファブリケーションでは，**直接操作**（direct manipulation）の考え方をデジタルファブリケーションに持ち込む。直接操作とは，1983 年に Ben Shneiderman により提案された概念であり[3]，機械を利用しているときにユーザーが機械の存在を意識せずに，対象そのものを操作していると感じられる状態を目指す。私たちの生活に欠かせないスマートフォンのタッチパネルなどは直接操作の代表的なインタフェースである。Shneiderman によると直接操作には，以下のような要件が挙げられる。

- 対象の変化が連続的に表示される
- ユーザーの物理的な行為によって操作される
- 対象への影響がすぐわかるように即時的で漸進的で可逆的な操作である
- 最小限の知識で利用できる

Willis らにより提案されたインタラクティブファブリケーションの例として，透明タッチパネルが上部に取り付けられた **3 次元 CNC**（computerized numerical control）**装置**がある。この装置では，ユーザーはタッチパネルに指を乗せると，その位置に応じて CNC マシンのヘッドがリアルタイムに追従し，ノズルから材料を射出する[2]。タッチパネル越しに見ると，指と CNC ヘッド部分が重なり，ユーザーはまるで指で図形を描いているような感覚で立体造形を行うことができる。

このほか，彼らの制作した「Speaker」と呼ばれる装置では，ユーザーはマイクに声を入力することでワイヤフォーミングマシンを制御し，波形に対応する形状のワイヤをその場で作成することができる。「Cutter」は，ユーザーは発泡スチロールを手作業で加工することで同時に 3D デジタルモデルを生成することができる。ユーザーは，ワイヤを加熱したスチロールカッターを手で引いたり押したり回転させながら，発泡スチロールを彫刻・切削し成形する。この際のカッターの位置はコンピュータによってデジタルデータとしてリアルタイムに取得され，成形のプロセスおよび3Dモデルが画面上に可視化される。

Willisらの先駆的な取組みは多くの研究者を刺激し，関連する研究が生まれた。例えば，Hasso Plattner InstituteのPatrick Baudischらのグループは，レーザーカッターの直接操作を提案した[4)]。Constructableと呼ばれるこの装置では，ユーザーは手に持ったレーザーポインタの光をレーザーカッターのステージに向けて照射することで，板の切削を直接制御する。「円の描画」「多角形の描画」など機能をそれぞれ割り当てた15種類の異なるレーザーポインタを用意し，それらを切り替えることでフリーハンドの利点とCADの多様な機能の融合が目指されている。

直接操作をデジタルファブリケーション機器に取り入れることで，ユーザーはより身体的な入力を通して自由に機械を操り，より直感的・直接的に素材加工に関わることになる。

3.2.4 対話的な3Dプリント：設計と造形の作業空間を重ねる

前項で述べたインタラクティブファブリケーションの事例では，ワイヤフォーミングやレーザーカッターなど即応的な造形に掛かる時間が比較的短い装置が選ばれてきた。では，次のアイデアとして3Dプリンタを直接操作して造形するというのはどうだろうか。

3Dプリンタは，先にも述べた通り一般的に造形に数分～数時間と掛かり，装置が飛躍的に高速化しない限りジェスチャに合わせてノズルをリアルタイムに直接操作して描くように造形というようなシナリオは難しい。そこで，次に挙げる筆者らの研究では，3Dプリントにおける設計と造形の作業空間を重ね，造形中もなお未造形のパートの設計を加えたり変更できるインタラクティブな3Dプリント造形の環境構築を試みた。

MiragePrinter[5)]と名付けたこの装置は，市販のFFF方式の3Dプリンタを拡張し，オブジェクトが造形されるステージ上に「空中像」を重ねて表示する。

空中像とは，鏡やレンズなどの光学素子を用いてスクリーンの存在しない空中に映像を結像させたものである[6]。図 **3.1** (a) に空中像と造形物を重畳して表示した様子を示す。ステージ上にバニーのボディの下半分は 3D プリントされた実体であり，上半分は空中に浮かんで見えるバーチャルイメージである。

(a)　空中像と造形物を重畳して表示した様子

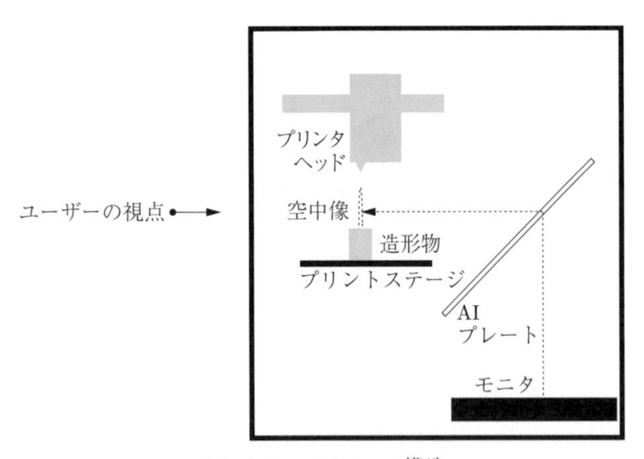

(b)　MiragePrinter の構造

図 3.1　MiragePrinter[5] とその構造

造形ステージへの映像提示には，再帰透過光学系を用いた空中像ディスプレイを用いる。正面から観察した場合に，3D プリンタの背後に設置されたディスプレイの映像が造形ステージの上に結像して見えるような仕組みである（図 (b)）。映像提示手段は，ほかにも HMD（head mounted display：ヘッドマウントディスプレイ）を装着したり，スマートフォンの画面をステージにかざすとバーチャルな像が見えるといった方法が考えられる。一方で，ユーザーが装置を装着したり，手に持ったりという準備の必要性や不自由さ，また多人数での体験共有の制約が生じる。空中像ディスプレイは，裸眼での観察が可能で，物理的なスクリーンを必要としないため 3D プリンタの動作に干渉することなく，造形しながらの映像重畳や，ステージ上に手を伸ばしたり既存のものを用いたインタラクションができる。

ユーザーはこの装置を用いて，3D プリンタのステージ上で設計を行う。一般的なディスプレイでの作業と同様に CAD ツールを用いた設計ができるが，本システムの特徴を生かして，画面に表示されるモデルの縮尺を実世界の大きさに合わせることで実寸大での設計が可能になる。例えば，**図 3.2**（a）に示すようにスマートフォンをステージの上に置いてその輪郭をマウスでなぞって，3D

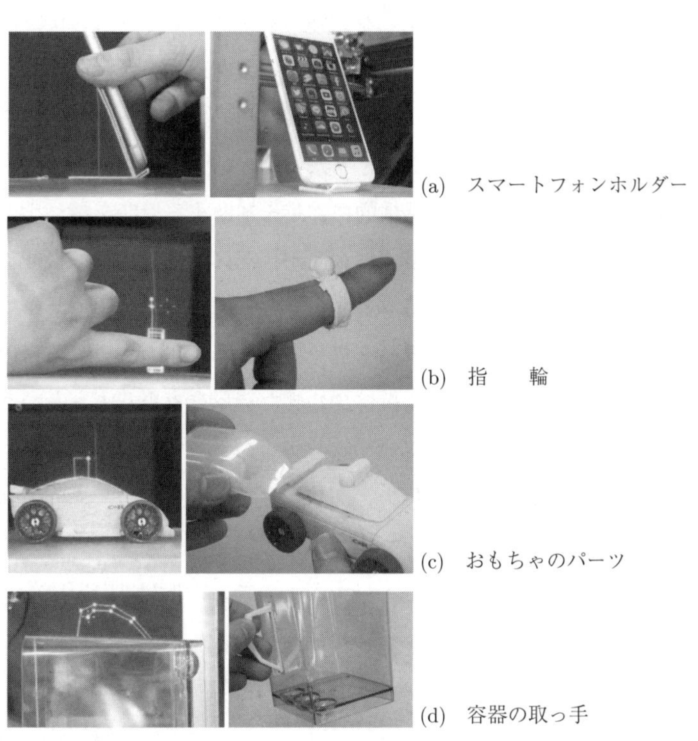

(a)　スマートフォンホルダー

(b)　指　　輪

(c)　おもちゃのパーツ

(d)　容器の取っ手

図 3.2　ステージの上の物体形状に沿わせた設計と造形

スキャナ等を用いることなくスマートフォンの形状に合わせたモデルを作成し，その形に沿ったスマートフォンホルダーをデザインできる。同様に，ステージの上に手を置いて指と映像を重ね合わせながら，指輪のサイズ・形状を考えるという設計プロセスなどを提案・実装した。

3.2.5 手作業を支援・拡張する道具

人間の手によるものづくりには，切る（ノコギリ），締める（ドライバ），削る（カンナ），磨く（ヤスリ），長さを測る（定規，メジャー），角度を測る（分度器），線を引く（定規，コンパス），塗る（筆，ハケ）など，じつに多様な機能の手道具（工具や文房具）が存在し，職人はそれらを巧みに使いながら必要な造形・加工・計測を行う。これらの道具は人間の身体能力を拡張し，力や正確さを補助し，作業負荷を軽減するなど効果を発揮してくれる。

対話的なデジタルファブリケーションの実現に向けて，機械にすべての作業を任せ，自動化するのではなく，これらの手道具にコンピュータ制御を組み合わせ，手作業を機械でインタラクティブに補助・拡張するというアプローチがある。電動ドリルなど電気的・機械的に作業を補助する機能を持つ手道具もすでに多く存在するが，これらの多くは人間が状況に応じて手動で機能や使い方を切り替えるマニュアル操作を基本とする。これに対して，手道具がプログラムや人間の操作意図に応じて振舞いを変えるなど，人間の手による自由度の高い操作にコンピュータの精密さを掛け合わせた造形を実現しようという取組みである。以下，具体例を紹介していく。

〔1〕 機械の作業を手で補助する　HCI研究者/デザイナーのAmit Zoran（当時，MIT）らが開発したのはFreeD[7]というユーザーが手で持って用いる切削（ミリング）デバイスである。デバイスにはケーブルが付いているが，動きを阻害するものではなく，ユーザーは通常の切削デバイスと同様に好きな位置に動かすことができる。このデバイスのユニークな点は，人間の自由な動きを起点としながらも，あらかじめ入力したデジタル立体データの形状に沿った彫刻を可能にするというところである。このために，デバイスの3次元位置はシ

ステムによってリアルタイムに取得されており，デバイスは入力されたモデルデータに基づいて，削るべき位置にあるときには刃を駆動し，そうではない位置にある場合には（デバイスを移動はできるが）刃を停止し切削を行わない。この制御により，人力で移動させながらも，デジタルデータに基づいた精緻な造形を行うことができる。

コンピュータ制御で切削・造形を行うCNC機械にも多軸制御に対応したものが存在するが，装置が大型化し，高価なものが多い。これに対し，デバイスの移動を人間が手で担当することで，コンパクトなデバイス構成ながら，しなやかで自由度の高い「アクチュエータ」となる。おおよその動きは人間に，データに基づいた細やかな位置制御はコンピュータに（作業によってはその逆も）任せる，などの役割分担ができる。

〔2〕 手作業による創作を機械が補助する　筆者の研究グループで山下メリル真裕らが開発したenchanted scissorsは，文房具であるハサミに注目したインタラクティブファブリケーションツールである。これは，**図3.3**のように既存のハサミにモータとセンサ，マイクロコントローラを取り付けたデバイスである[8)]。ハサミの刃の導電性を利用し，紙の上に導電性のインクで描かれた線と刃が接しているかどうかを判定し，切っても良い場所ではユーザーが刃を自由に動かせるように，切ってはいけない場所では刃にストッパーが掛かるような仕掛けがされている。

このハサミを用いると，ユーザーは紙の上に印刷あるいは描画された線の上

図3.3　enchanted scissors[8)]

「だけ」切るということが可能になる。線の端にクリップで電極を取り付け，ハサミの刃との導通を検出する。導通が検出された際にストッパーを引っ込め，検出されない場合にはストッパーを出すというようにモータを制御すると，線の上に刃があるときにはハサミで切ることができ，刃が線からずれると切ることができなくなるという機能が実現できる。図 **3.4** は，帯のように導電性のエリアを設定することで，ある範囲の中で自由にカットし形を創作できる（この場合は黒い帯の中は自由にカットできる）ようにした例である。

図 3.4　導電性により範囲の制約を設けた造形

ユーザーがつくりたいように身体を動かし主体的に造形に関わる中で，コンピュータが適度な制約（constraints）を与えることで，創作の自由度を確保する。例えば，「造形物が自立する範囲で自由に人間が形状を決めることができる」や「怪我等の危険がないように造形可能な範囲を規定する」などといった，コンピュータが創作の範囲や自由度を規定するような関係の構築が期待できる。

〔**3**〕 **人間と機械が共創する関係**　　AI の驚異的な発展に伴い，人間の作業を機械でいかに置き換えるかという議論のみならず，人間と機械がいかに共創的関係を築けるかという点が注目を集めている。物理的なものを造形するファブリケーションにおいても，上記の補助する/される関係に加えて，人間と機械がともに関わる共創的なものづくりがこれからますます注目されるだろう。

ここでは一例として，筆者らの取組みから (author)rise という作品を紹介する（図 **3.5**）。Harshit Agrawal が中心となって制作したこの装置は，ボールペ

図 3.5　(author)rise[9)]

ンによる紙の上での筆記をコンピュータの介入により拡張する[9)]。

メディアアートの祭典である Ars Electronica Festival で作品として展示されたこのアート作品では，テーブルの上に紙を広げ，体験者はボールペンを手にして文章を 1 節書き記す（内容は体験者に委ねられる）。体験者がペンを止めると，今度はペンが自動的に動き始め，体験者が添えた手を導くようにその文の「続き」を書き始める。体験者は自ら主体的にペンを動かすことにより，システムによる筆記を止めて，また自分で文章の続きを書くことができる。周囲から見ると同じ人物が書き続けているように見える光景の中で，実際にはペンを動かす主導権を人間と機械がやり取りしながら，一つの紙の上に共創的に文章を書き起こすという「共創」が起こる。

この作品の基盤には，山岡潤一らが開発した dePENd[10)] と呼ぶ手描き支援・拡張装置が用いられている。これは，**図 3.6** のようにテーブル内部に，コンピュータ制御で水平方向に移動する XY プロッタを設置し，その先端に強力な磁石を取り付ける。この上で，テーブル面に紙を敷き，その上にボールペンを置くと，強磁性を有するペン先がテーブル内部の磁石に引き付けられ，ペン先が磁石の動きに応じて牽引される。ペン自体にアクチュエータ等を取り付ける必要がないため，身体的な動きの自由度が高いという点が特徴である。

(author)rise においては，ペン先の位置をリアルタイムに計測するセンサを搭載し，体験者の筆記の軌跡および内容を認識する。事前に学習用のデータセッ

(a)　dePENd を利用して紙に指画する様子

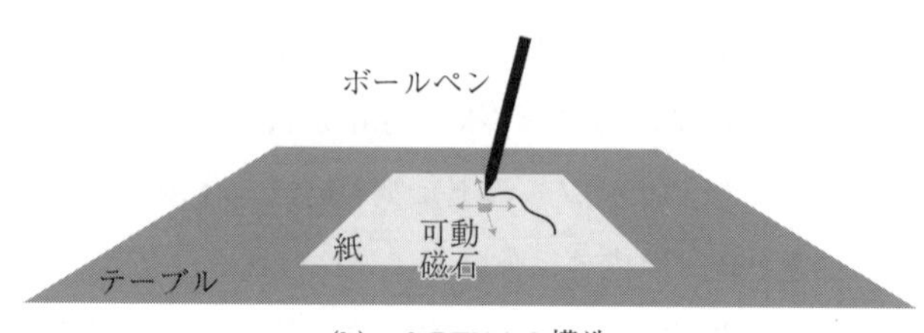

(b)　dePENd の構造

図 3.6　dePENd[10] とその構造

トを入力した上で，書き込まれた文章に続く新たな文章をコンピュータに生成させ，それを体験者が支えるペンを通して紙の上に記していく。

(author)rise の制作は，近年の生成 AI（generative AI）の爆発的進展を見る前に行ったものだが，今後 AI はモニタの中での文章や画像等の出力にとどまらず，物理的な機械や道具，インタフェースと結び付き，AI との共創がより直接的なものづくりの文脈へと結び付く未来も遠くないだろう。

3.3　即興的なファブリケーション

先にも述べたが，一般的に現状の 3D プリントに掛かる時間は短いとはいえない。設計から造形にかけてのプロセスをより対話的にし，試行錯誤の回数を多く確保するには，造形の速度を上げるというのが（可能であれば）素直な解決法になる。

3.3.1 高速化する 3D プリンタ

すでに高速な 3D プリントを実現する造形技術に関する研究開発は着実に進んでいる。例えば，Carbon 社の CLIP（carbon3D's layerless continuous liquid interface production technology）は，2015 年の発表時に当時の光造形による 3D プリントの手法と比較して 25〜100 倍の速度を実現するとして注目を集めた[11]。これは光重合を促進する紫外線照射と，その反応を抑制するための酸素のバランスを調整することにより，高速な造形を可能にした。また垂直方向の連続的な造形ができるため層状の積層痕が残らず，造形物の強度が増すなどの特徴も有する。

また，2020 年に Martin Regehly らにより発表された Xolography も 3D プリントを高速化する手法として有力である[12]。これも，CLIP と同様に感光性光重合開始剤を用いる。これに対して Xolography の手法では，異なる波長の光線を交差させることで線形励起を生じさせ，局所的な重合反応を引き起こすことができる。これも，層状の積層ではなく体積的な造形ができ，高速化が可能になる。

これらの新しい造形手法は，まだ大型化などに関する限界・課題もあるが，すでに製品化が進むものもある。ハードウェアの革新がデジタルファブリケーションの可能性を大きく切り拓くことが期待される。

その上で，筆者らを含む HCI 研究の領域ではこれらのハードウェア技術の普及を待つことなく，既存の装置を前提とした上で全体のプロセスの簡略化や高速化を図る取組みがなされている。次は，それらの研究に焦点を当てて紹介したい。

3.3.2 「プレビュー・プレタッチ」のためのファブリケーション

映像や音楽などの編集の際に，高品質なデータをそのまま編集しようとすると，編集処理が重くなったり，書き出しに毎回時間が掛かり作業効率が落ちるということがよくある。このために編集段階では品質を落としたデータで「あたり」をつけて，最終的には高品質なファイルとして書き出すというやり方がとられる。

このアプローチを 3D プリンティングに適用したらどうだろうか。当時 Hasso Plattner Institute の Stefanie Mueller らの研究チームは，この考え方を 3D プリントに適用し，設計・造形のプロセスを円滑に進めるための手段を提案した。

このコンセプトを具現化した研究事例として最初に紹介する WirePrint[13)]は，立体形状を 3D プリンタで出力するにあたり，その造形に掛かる時間を短縮するために，ワイヤフレーム状の形状へと変換して出力するものである。例えば，FDM 方式の 3D プリンタを用いて 28 mm 角の立方体を出力するのに，正方形に敷き詰められた材料を重ねて出力（10%充填）すると約 25 分，ワイヤフレームを層状に構成して出力した場合は約 10 分半掛かる。これに対して WirePrint の手法を用いてワイヤフレームを出力した場合には約 2 分半と出力時間の大きな短縮が実現された。

彼女たちはこれを，3D プリント造形物の「プレビュー」のためのシステムと位置付けた。手に取って触れられることを考えると「プレタッチ」のためのシステムともいえよう。特に設計と造作を繰り返す試行錯誤の段階では，毎回隅から隅まで時間を掛けて綺麗に造形するのではなく，中空のワイヤフレーム構造で高速に，かつ材料消費を抑えながら出力して，実際に手に持って大きさや形状を確認した上で，最終的な設計を固めた上で精細な造形をすればよい。彼女たちは，Hi-Fi（Hi-Fidelity，高品質）の反対の意味を込めて Low-Fidelity（Low-Fi：品質を落とした）ファブリケーションという言葉で，この考え方を表現している。

Low-Fi ファブリケーションの別の例として，同グループから提案された faBrickation[14)] も紹介したい。これは，人によるブロックの組立てで構成されるパーツと 3D プリントされたパーツを接合して立体造形を行うというアイデアである。精細な形状を求められないパーツは，手でブロックを組立て，形状の正確さを必要とするパーツは 3D プリントし，最終的に統合することで 3D プリントに掛かる時間を短縮する。読み込んだ 3D モデルをブロックで組み立てられるような形状やレシピに変換するソフトウェアを開発し，人と 3D プリンタの作業を切り分ける。ほかにも，平面に限定されるが高速に造形できるレーザーカッターと，高解像度で立体を出力できるが造形速度は遅い 3D プリンタを使い分けて物体を構成する手法[15] など，ユーザーが目的や特徴に応じて用いる機械を使い分け，手作業と機械作業を切り分け統合するためのシステム設計が HCI 研究領域から提案されている。

3.3.3 大きさや重さに着目したプロトタイピング

前項で紹介した Low-Fi ファブリケーションでも取り上げたように，プロトタイピングにおいては精度のある最終形状がつねに必要なわけではなく，注目したい要素に焦点を当てて「あたり」をつけることが重要である。ここでは，大きさや重さという物体のほかの特徴にフォーカスしたプロトタイプのためのファブリケーション手法を紹介する。

〔1〕 長さ・大きさのプロトタイピング　まず，ユーザーが探りたい要素の一つとして，物体のサイズ（感）がある。これは 3D プリントの事前確認の文脈のみならず，例えばオンラインショッピングで家具を購入する際に，事前に自宅の空間での実際の収まりについて確認したいなどの状況はよくあるだろう。このような一般的な 3D プリンタなどでの造形サイズを超える大型の物体の大きさを出力するためのプロトタイピング手法が提案されている。

当時 JST ERATO 五十嵐デザインインタフェースプロジェクトの渡邊恵太らのグループが提案したのは LengthPrinter[16] という装置である。これは**1 次元プリンタ**と呼ばれ，マスキングテープを所望の長さでカットしてくれるというシンプルな機能を持つ。巻尺を使わずに，カットされたマスキングテープを床や壁に貼り合わせていくことで，数値データとしての長さとの対応を意識することなく，例えば導入を予定する家具の幅，高さ，奥行きをその場で実感することができる。

LengthPrinter が壁，床，天井などの支持体としての面を必要とするのに対して，同じくテープ素材を利用しながら，立体的なオブジェクトを実寸大で試作するための装置が，当時 Hasso Plattner Institute の Harshit Agrawal らが開発したProtopiper[17]である。この研究の動機は実寸大のオブジェクトを即興的にスケッチするように造形する。具体的には，ビニールテープを材料とし，出力時にテープを丸めながら円筒状に出力することで，棒状に自立可能な部材を作成できる。入力データに応じて所望の長さにカットして出力できる。またビニールテープの粘着性を利用して，部材同士の接続を行うためのコネクタもテープの端部の加工で自動で生成される。円柱状のテープ部材をトラス状に組むなど構造の工夫を施すことで，テーブルや傘，棚など，ヒューマンスケールの物体を構成することができる。あくまでフレームのみであり，実際にテーブル等として利用することはできないが，上述の通り，大きさの把握や共有という観点では，十分に機能を果たす。なお，Protopiperはそのデバイスのつくり方がInstructablesに公開されており，実際につくって試すことができる†。

筆者らのグループでは，辻村和正らを中心にコンベックステープを素材として，即興的に立体構造を構成する形状変化インタフェースLinecraft[18]の研究を行っている（図**3.7**）。コンベックステープは，収納性や展開性が高く，またある程度の強度を有しながら直線状態と折り曲げ状態を手軽に遷移できるとい

図 3.7　Linecraftでつくられたオブジェクトで遊ぶ様子[18]

† https://www.instructables.com/Protopiper-Physically-Sketching-Room-sized-Objects/

う特徴を持つ。これらの特性を生かし，コンベックステープを任意の長さ・角度に曲げ，固定するためのヒンジパーツを3Dプリンタで開発した。また，コンベックステープで構成するフレームを立てるスタンドや，フレーム同士をマグネットで接続するコネクタなども合わせて設計し，自立したり複雑な形状を持つ構造を自作できる。作成したあとに長さや角度の調整が可能で，最終的にはコンパクトに収納できる点も特徴である。

〔**2**〕 **質量のプロトタイピング** 次に紹介するのは重さのプロトタイピングである。通常の3Dプリントでは，ものの形状は指定するものの，その出力物の重さはフィラメントの種類や内部構造の密度に依存しておりユーザーが積極的に指定する項目としては考慮されない。しかし，例えばこれから発売予定のスマートフォンなどのプロダクトを検討するようなケースを考えると，写真などの視覚的な情報のみならず，手に取って形やその重さを確かめることができたら購買判断の重要な要素となるだろう。そのような発想から，筆者らのグループで小林颯らは，錘を用いて所望の重さに合わせることが可能な3Dプリント手法WeightPrintを提案した[19]。

このシステムでは，ユーザーは3Dプリンタを用いてモデルを出力する際に，所望の重さを指定する。具体的には，ユーザーは一般的なCADソフトウェアを用いてモデルの形状を設計する。その後，ソフトウェア上のアルゴリズムにより，造形に使用するフィラメントの密度を考慮した上で，造形物の内部に空洞および錘を入れるための空間が生成される。このモデルを3Dプリントしたあとにユーザーが，システムの指定する重さの錘を造形物の内部に組み込むことで，造形物と錘の重さの合計がユーザーのあらかじめ指定した重さに合うという仕組みである。**図3.8**に，作例のリンゴと内部構造を示す。

ここでは，ものの大きさや重さを例にとったが，手触りや柔らかさ，動きなどの「あたり」をつけるプロトタイピングなど，ほかにも多くの要素への着目が考えられ，引き続き可能性のある研究領域である。

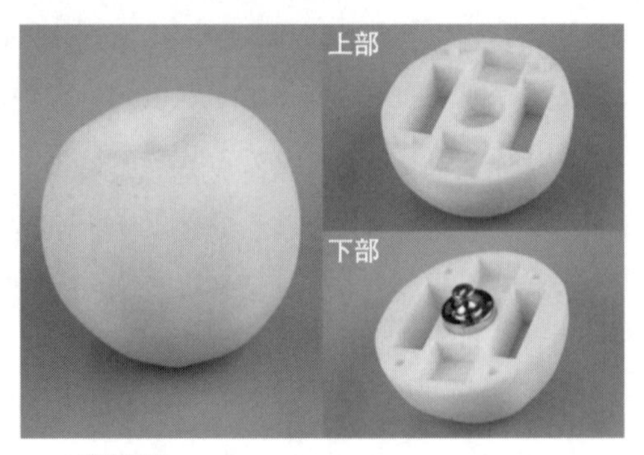

図 3.8　WeightPrint を用いて作成した実物同様の重さのリンゴ[19]

3.3.4 素材を使い回せる即興的造形手法

即興的な造形を志向する際に，これまで紹介してきたようになるべく早く造形が完了するというのは一つの重要な要件である。しかし，手早く試作品をたくさんつくって，それらの多くが廃棄されていくという状況も受け入れ難い。そこで，筆者らは，つくったものを材料に還し，再び用いることができるように，そしてそのつくり変える工程をも手軽に行えるような造形技術の研究を進めている。ここでは，このような素材循環型の即興的造形に関するプロジェクトを紹介する。

〔1〕 真空成形とピンアレイの動的制御による 2.5 次元立体造形　ProtoMold は，平面から 2.5 次元的な形状を即座につくり出す装置である[20]。山岡潤一を中心に開発したこの装置は，真空成形（バキュームフォーム）という造形手法に注目し，デジタル制御を組み合わせることで，やり直し・つくり直し可能なラピッドプロトタイピングを行う。

一般的に真空成形はプラスチックシートを加熱して軟化させ，それをあらかじめ用意した型となる立体物に密着させ脱気することで成形を行う。3D プリンタ等と比較しても造形の速度が早いためプロトタイプ制作等でよく用いられる手法である。一方で，型の制作自体には時間とコストが掛かるという問題がある。そこで ProtoMold では形状変化可能な「型」として，リニアアクチュエータを2次元的に並べたピンアレイをステージに配置することにより，その場での設計と数秒と掛からない高速造形を可能にした（図 **3.9**）。手指のジェスチャやシート上へのドローイングを用いて形状を指定したり，ものや身体の形に合わせた造形手法など直接的な設計手法も取り入れる。

図 3.9 ProtoMold[20] で凸凹のある面を作成する様子

さらに本研究において注目したのは，形作られたオブジェクトは加熱すると数秒で再び平坦なシートへと戻るという点である。これにより，必要な際に必要な形状のオブジェクトを瞬時につくり，必要がなくなれば面に戻して小さく格納する，あるいは別のデザインのオブジェクトへとつくり替えることが可能になる。

〔**2**〕 **空気で膨らむシート状立体造形**　次に紹介するのは，インフレータブル構造と呼ばれる，シートで構成されたパウチ（袋）に空気を封入し，膨らませて立体を構成する手法である。ここでは空気を入れると風船のように立体に，抜くと平面に戻る特徴を造形に利用する。

まず筆者が，当時 MIT の Harpreet Sareen や Udayan Umapathi らとともに進めた研究 Printflatables[21] を紹介する。この手法では，シートを重ねて構成されるパウチに対して，局所的に熱圧着を施すことによって膨らんだ際の形状を設計する。具体的には，上下2層のシートを熱圧着することで空気を封入するパウチを構成する。この際に，上層の布地に襞（ひだ）状の折り目をつけることで二つの層の間に長さの違いをつくり出す。**図 3.10** (b) はコンピュータで制御されるローラーを用いて，表面に襞を形成している様子である。この襞の高さと幅を設計することで，空気を入れた際に曲がる角度を導出し，所望の角度への変形を実現できる。さらに，複数の襞を並べることにより，より大きな角度への変形も可能である。

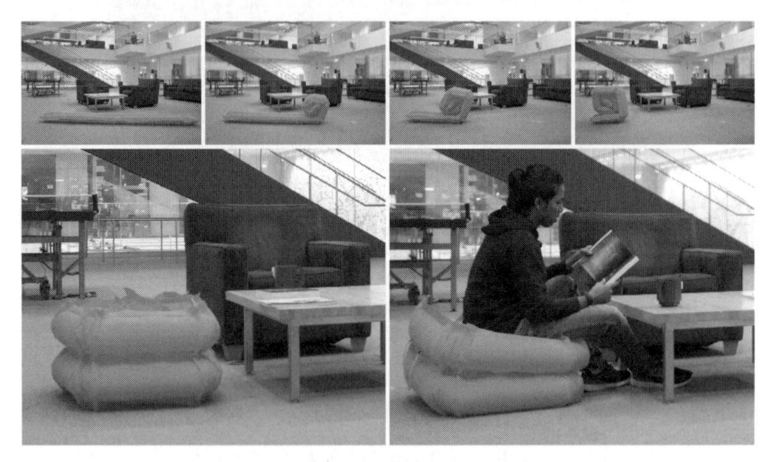

(a)　Printflatable

(b)　襞を作成する装置

図 3.10　Printflatables[21] と襞を作成する装置

開発したソフトウェアを用いて，ユーザーは作成したい 3D オブジェクトの形状を入力すると，必要な 2 次元のシートの形状および襞の形状と配置を得ることができる。また，襞の位置を調整することで最終的な膨張時の形状に変更を加えることもでき，膨らんだ際にどのような形状になるかを画面内でシミュレーションして閲覧できる。

この手法の応用シナリオとして，即興的に膨らむソファや，窓の調光を行う仕切り，さらにはサッカーのゴールポストなど，身体スケールで体重を支えられる強度を生かした試作を行った。また，ユーザーの指や首，腕などに装着し，空気駆動の外骨格アクチュエータとして用いたり，ソフトロボットの一部としての応用も考えられる。

同じくインフレータブル構造に着目した造形手法として，長谷川貴広らが開発したSingle-Stroke Structuresも，パウチを空気で膨らませることで身体スケールを超えるサイズの立体物をつくり出すことができる。上記のPrintflatablesが面状のシートから構成されるのに対して，Single-Stroke StructuresはLengthPrinterやProtopiperと同様に線（チューブ）をもとに形状を構成し，さらに曲線的な形状や積層構造をつくり出す[22]。

本手法で素材として用いるのはビニール素材のチューブである。チューブに空気を入れた際に，そのままでは直線的な円筒状の形になる。これに対して，チューブを構成する二つの層を局所的に熱圧着でつなげることで，空気を入れると湾曲した形状になる。この基本原理に基づいて，熱圧着箇所の間隔と長さを調整することで，さまざまな曲率のカーブを構成し，膨張時の変形を制御す

図 3.11 Single-Stroke Structures で作成したインフレータブル構造物[22]

る。図 **3.11** のように下から上へと鉛直方向に積層する配置に加え，積層を水平方向に配置することにより，屋根のある空間を構成することができる。

これらの後続する研究において，熱圧着ではなく面ファスナーを用いて形状を支える方法を考案し，形状の変更と再構成が可能なインフレータブル構造体 Reflatables[23] の提案を行った（図 **3.12**）。カセットテープに音楽を上書きできるように，必要に応じて膨らんだ際の形状を書き換えられるようなインフレータブルチューブを目指し，筆者らの研究は続いている。

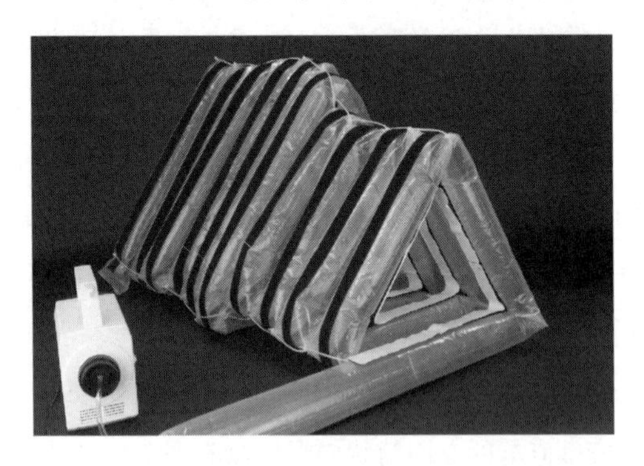

図 3.12　Reflatables[23]

〔**3**〕 **高速な組立てと分解再構成が可能なブロック型立体造形**　この項で最後に紹介するのは小型のブロックを組み合わせて即座な立体造形を可能にするアプローチである。鈴木遼らコロラド大学ボルダー校のチームとの共同プロジェクトとして行ったこの研究では，素材や再構築可能な素材から瞬時に物体をつくり出すことができる未来を思索し，そのプロトタイプとしてのファブリケーション手法を開発した[24]。

本研究において特に注目したのは，立体造形の速度と**再構築可能性**（reconfigurability）である。ここで本研究における再構築可能性とは，物体の形状を個々の材料要素に分解し，それらを再利用して新しい形状を構築し直せることを指す。最小構成の材料要素としてのブロックに着目し，それらを自動的に組み立て，再構築可能な立体物を形成する。各ブロックは，隣接する要素と接続したり，分離したりすることができ，任意の形状の立体オブジェクトを形成できる。特に本研究では，数秒～数十秒で立体形状を構成できること，またオブジェクトが不要になったあとは，形状を基本構成要素に簡単に分解できることを要件として設計を行った。

3.5.1 項で後述するプログラマブルマターやクレイトロニクスの研究に見られるように，離散的な要素を組み立てることによる動的な 3 次元形状形成のアイデア自体は以前より脈々と検討された系譜がある。その上で，本研究で注目するのは以下のような限界である。

① スケーラビリティとコスト　離散的なモジュールにより立体物を形成するには，何千もの小さなモジュールを組み合わせる作業が必要となる。これを自動で高速に行うためにはモータやセンサなどのコストやシステムの大型化・複雑さが伴う。

② 造形時間　モジュール組立てによる高解像度な造形には時間が掛かる。例えば，$1\,\mathrm{cm}^3$ の要素を用いて $10\times10\times30\,\mathrm{cm}^3$ の立方体をつくるには，3 000 個の要素が必要となる。一つずつ要素を積んでいく逐次的な組立てでは，長大な造形時間を必要とする。

③ 解像度　既存のシステムでは，個々のモジュールの大きさは cm 単位であることが多い。高解像度化を実現するには，より小さなモジュールが望ましい。

これに対し，本研究では以下の二つの設計要素を導入して課題解決に取り組んだ。一つは，並列的組立て方式の導入である。個々の要素を順番に組み立てるのではなく，層全体を並行して形成する組立て方法を導入し，構築時間の大幅な短縮を狙う。もう一つは，モジュール同士の高速な接続・分離機構により，レイヤを安定した形状に素早く積み重ねる。この二つの設計要素を組み合わせることで，垂直方向や水平方向の解像度に依存しない高速な形状形成を可能にする。

このデザインを実証するために，Dynablock と呼ぶ装置を設計・実装した（図 **3.13**）。Dynablock は 9 mm の立方体形状のブロックで構成されており，ブロック同士は各側面に埋め込まれた磁石で接続される。ブロックを押し出し組み立てるハードウェアは，ProtoMold と同様に 24×16 本の 2 次元状に並べられた

(a)　Dynablock で出力されたブロック

ー 磁石で接続される箇所
ー ほかのブロックの動きやセパレータにより切断される箇所

ブロック

アクチュエータ

(b)　動作原理

図 3.13　Dynablock[24] で出力されたブロックとその動作原理（口絵 10）

モータ付きのピンアレイで構成される。さらにその上に3072個（$= 24 \times 16 \times 8$ 層）のブロックが積まれ，それぞれのモータ付きのピンがブロックを押し上げることで，対象物を1層ずつ組み立てる。ここで，ブロックの磁石の配置と強さを工夫し，さらにステージ内部でブロック同士を仕切る機構を設計することで，ブロックを適切に接続・分離しながら押し上げる制御を可能にし，屋根やアーチ状など3次元的な形状の造形を数秒〜数十秒の組立て時間で実現できる。さらに，生成されたオブジェクトは再びステージ内の格納庫に押し込むことで個々のブロックに分解することができ，システムが次の形状を組み立てるために再利用できる。

この装置では，従来の3Dプリント技術では対応できなかったインタラクティブなアプリケーションが可能になる。これは，ものづくりのための装置にとどまらず，VR や AR など体験拡張手段と結び付き幅広い応用が考えられる。例えば，VR アプリケーションの体験中に，その場所に実体のあるオブジェクトやコントローラを動的に形成し，触覚的な手掛かりとして利用することができる。また，子供向けに分子モデルや建築モデルなどを手に取れる形でインタラクティブに提示したりと，新たな展示や学習のツールとして活用できる。デザイナーは，物理的な製品の形状をその場で出力してクライアントに提示したり，その場でデザインを変更しながらプレゼンテーションを展開することなどもできる。このようなインタラクティブな体験創出を目指してさらなる開発を進めている。

3.4 造形後に姿・形を変えるもののファブリケーション

作り手とものとの関わりは，造形工程を経て一度完成を見ることになる。しかし，その後にも人とものの関係は続く。一度造形した物体を変形させる，あるいは時間に伴って変化していく様を想定したものづくりのありようが注目を集めている。中でも，造形後に外部から刺激を与えることにより，ものにさらなる変形を与える手法は **4D プリンティング**と呼ばれ，注目されている。

3.4.1 4D プリンティング

近年 HCI の領域においても，時間を伴って形状が変形する立体造形物の製造手法である 4D プリンティングが注目されている[25)]。MIT の Skylar Tibbits らによって先駆的研究が進められてきた 4D プリンティング[25)] は，熱や水分量などの外部環境からの刺激に応じて，あらかじめ設定した形状に自動的に変形するオブジェクトを製造するもので，例えば組立ての手間や造形時間を削減したり，輸送コストを下げるなどの効果が期待されている。

筆者が MIT にて，Virj Kan らとともに取り組んだ Organic Primitives の研究[26)] も環境応答型素材を用いたオブジェクトの特性制御という点で 4D プリンティングの文脈に位置付けることができる（図 **3.14**）。この研究では外部か

(a)　柄で食べごろや危険を教えてくれるりんご

(b)　スープでしだいに変形するフォーク

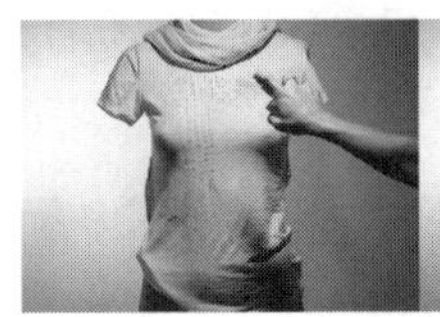
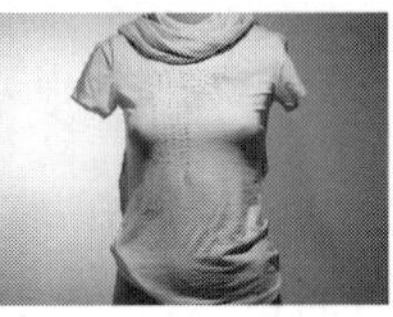

(c)　汗などの状態に反応して柄や香りが変わるTシャツ

(d)　雨の酸性度を可視化する傘

図 3.14　Organic Primitives で作成したプロトタイプ[26)]
〔提供：Virj Kan〕（口絵 11）

らの刺激に応じて変形のみならず色や香りも動的に変わる素材を組み合わせ，HCI への応用を試みた。

この研究では，周囲の水素イオン濃度指数（pH）に応じて，人間に知覚できるような形でその形，色および匂いを変化させる物質を調合し，それをセンサ・アクチュエータとしてプロダクトの一部に組み込み，応用シナリオの探索を行った。具体的には，植物や動物由来の食品用有機化合物として用いられているアントシアニン，キトサン，バニリンをそれぞれ pH に応答して変形，変色，匂い変化を担う素材として用いる。これらを海藻由来で食品等でゲル化剤として用いられる κ カラギナンおよびアルギン酸ナトリウムを基材として，固体のフィルム状の中に配した。

このフィルムは，周囲の流体の pH に応じてその特性を変化させる。環境の情報を人間に知覚できる形に変換するインジケータのような役割や，コンピュータで流体の pH を制御することによりその特性を動的に変化させるアクチュエータやディスプレイとして作用することもできる。

さらに，この素材は動植物由来のもので，その柔らかさや生分解性などの特徴がある。例えば，りんごの表面にシールのように Organic Primitives を貼り付けると，そのりんごの酸性度の状態に応じてその箇所の色が変わる。これによりりんご自体がその食べごろや，劣化による危険などを知らせてくれるインタフェースとなる（図 (a)）。また，図 (b) のように酸性度によって形状を変化させるマテリアルでカトラリーを作成すると，スープ内の酸性度数に応じて少しずつ変色・変形させることができる（味を可視化したり，食べ過ぎを防止することに役立つかもしれない）。図 (c) は，汗などを通して身体状態に応じて変色したり香りを発する衣服のプロトタイプである。さらに，傘を通して雨の酸性度など環境の状態とその変化を可視化・可匂化するなど，プロダクトとしての応用表現に取り組んだ（図 (d)）。

3.4.2 造形後に膨らみ形を変える 4D プリント

ここからは，デジタルファブリケーション技術と刺激応答性素材を組み合わせた例として，筆者らの取組みを中心に挙げて，その手法や応用可能性について述べる。

まず開元宏樹らを中心に筆者らのグループで開発した ExpandFab[27] を取り上げる。これは，3D プリントで造形後の物体を加熱し，マテリアルを膨張させて大きさや形の変更を可能にした技術である。

この手法では紫外線で硬化し，加熱により膨張する発泡マイクロカプセルを 3D プリントの材料として用いる。膨張率を局所的に変えながら立体造形を施すことにより，加熱時に単純に大きくなるだけではなく，異なる形へと変形を遂げるオブジェクトを作成することができる。

具体的には，160〜180°C の温度帯で膨張するマイクロカプセルを用いる。図 **3.15** は，1 辺が 10 mm の立方体を造形した際に，素材に含有されるマイクロカプセルの比率の違いによって，加熱後の膨張変化の違いを比較した様子である。全体の質量に対してマイクロカプセルの質量を 0%から 50%へと変えた際に，加熱後の各サンプルの辺の長さは，加熱前と比較してそれぞれ 100%から 270%へと段階的に変化する。

さらに本研究では，造形物の中に局所的に異なる膨張率の素材を配置するこ

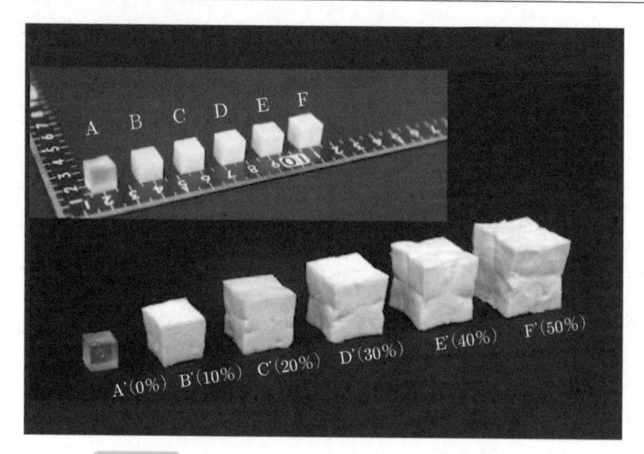

図 3.15　マイクロカプセルの比率の違いによる加熱後の膨張変化の比較[27)]

とに取り組んだ。熱膨張性マイクロカプセルと，膨張性を持たないアクリルパウダを混合することで，マイクロカプセルの含有率に関わらず粘度を安定させながら造形する。

図 3.16 は，本研究の造形手法を用いて幅約 52 mm で造形されたタコの形状の造形物である。頭部は膨張率 140%，脚部は膨張率 220%の素材で構成される。3D プリントで造形に要した時間は約 90 分，その後約 10 分間オーブン内で 180°C に加熱することで図のように膨張した。

ExpandFab の利用シナリオとして，まず加熱により物体の大きさが変化するという本手法の特徴は，収納や輸送の面で利点となりうる。小さく出力して

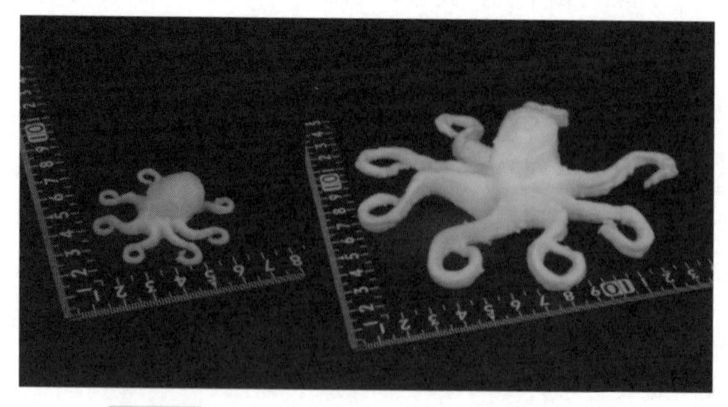

図 3.16　ExpandFab で作成したものの変形例

最低限の体積や高密度に充填して輸送，あるいは収納し，必要な際に加熱して使いやすい大きさ・形にして用いることができる。適した加熱手段に関してはさらに検討する必要があるが，空間が制約される被災地などへの救援物資，あるいは宇宙への輸送物資などにこの考え方を展開できないだろうか。また，靴のソールの形状を自分の足の形に合わせてカスタマイズするなど，身体や既存のものの形に合わせて用いるなどのシナリオが考えられる。

3.4.3 「食べられる」4D プリント

次の例として，筆者らのグループで西原由実が開発した食べられる米菓子の4D プリント手法 magashi[28] を紹介する。これは，材料押出法による出力と造形後のオーブンによる加熱で食材を立体に変形させる（図 **3.17**）。本研究は，米粉をベースとして，平面的に造形したあとに加熱によって上下方向に曲がる変形を制御する。立体造形に米粉のペーストを用いた事例はあるが，本研究では造形後の加熱による変形を制御する。ユーザーは細かいパターンを含む形状に食物をデザインし，カスタマイズできる。また，型の使用や手作業で形を切り出すという制約がないため，さまざまな形や大きさで造形できるという点も特徴である。

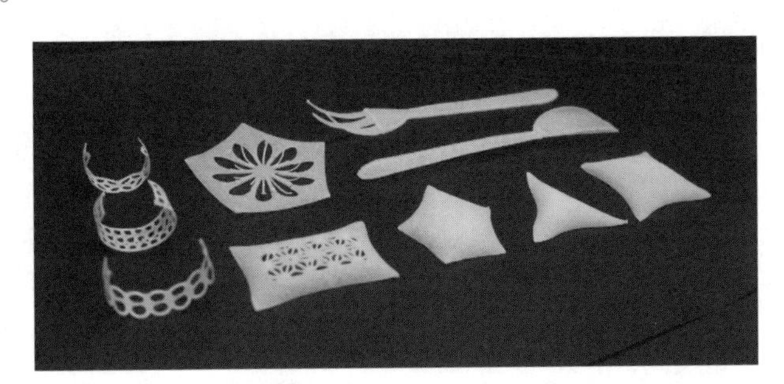

図 3.17　magashi[28] の作例

具体的には，食物をオーブンで焼く際，それに含まれる水分が蒸発することで食物自体が縮む現象に注目する。本研究では，出力した米粉のペースト素材が加熱中に縮みながら形を歪める現象を生かして食物を立体的に変形させる。

出力する素材には米粉に水飴，水を加える。保水性のある水飴を素材に加えることで加熱時の乾燥時間を延ばして素材を変形させる。また，素材は加熱中に変形し，完全に乾燥した時点で変形は止まり形が定まる。

実験から，素材は出力する幅と厚みに応じて加熱中に上向きあるいは下向きに曲がることがわかった。具体的には，素材を線状のパターンで薄く出力すると加熱中に上向きに曲がる。また，素材をシート状に厚く出力すると加熱中に下向きに曲がりドーム状の形状へと変化する。そのほか，環境の湿度や加熱の具合，出力パスなどにも影響を受ける（詳細は文献[28)]参照）。

本研究では，これまでに作例としていくつかのサンプルを制作してきた。図3.17は最中およびクッキーの例である。また，食べられるカトラリとしてフォークおよびスプーンを試作した。

3.4.4 Unmakingと素材の経時変化を取り込むデザイン

4Dプリンティングとともに，HCI領域で高まりつつある研究トピックに**Unmaking**がある。これは，壊す/解体するという意味で，つくるだけではなくいかに壊す/解体すること，あるいは素材に還すことを積極的にデザインするかという視点の議論である。

Unmakingをテーマにした研究事例はまだ多くないが，UC BerkeleyのKatherine W Songらのグループは，2021年に造形後にオブジェクトが壊れゆく様をプログラムする造形手法を提案した[29)]。例えば，水に浸すと溶けたり割れたりする物体や，菌糸により外観が変化する物体，塩水に浸すことで選択的に表面が錆びて見た目を変化させる物体などである。

また同じく2021年に，Malmö UniversityのKristina Lindströmらのグループは，Un/makingというキーワードのもと，参加型デザインのアプローチで，プラスチックの廃棄物をコンポストで再生したり，汚染された土壌を再生するプロジェクトを展開する[30)]。

筆者らの関連する取組みとして，身の回りの既存の素材を再利用し，さらにマテリアルの経年変化をデザインに取り込むための研究を展開してきた[31)]。安価で入手や加工がしやすい紙は，デジタルツールが普及する現代においてもわれわれの生活にとって欠かせない素材でありツールである。グラフィックデザイナーであり研究者の伊達亘と進めるこの研究では新たな製紙装置の開発を通して，紙の作製からグラフィックデザインを構成するという新しいデザインプロセスの可能性を示す。

具体的に，Paper Printing では既存の紙を砕きゲル化し，ディスペンサから出力することで，(再) デザインされた紙を出力する。これを通して，外観のみならず，テクスチャや形状をデザインすることができる。

造形の過程では，まず既存の紙を粉砕機で 30 秒程度粉砕し，紙を綿状にする。その後，綿状にした紙と CMC（カルボキシメチルセルロース）の粉末と水を混ぜてゲル化する。次に，CNC でディスペンサの位置を制御しながら素材を出力することにより，紙を造形する。もとになる紙は色紙やトレーシングペーパー，すでに印刷が施されている紙など多様な色や手触りを持つものが利用可能である。

図 3.18 に，筆者らが試作した紙のサンプルを示す。例えば黒い紙とトレーシングペーパーをマテリアルとして利用し，一つのレイヤ上に 2 種類の異なる特性を持った紙を配置することが可能になる。また，導電紙を素材として利用することで紙の上に回路を設計するなど，既存の紙の加工方法では難しかった機能付与が可能になる。

3.5　ものの造形から変形を操るインタフェースへ

“The ultimate display would, of course, be a room within which the computer can control the existence of matter.”（究極のディスプレイは，もちろん，コンピュータが物質の存在を制御できる空間となるでしょう。）[32)]

1965 年に The Ultimate Display[32)] という論文を発表した Ivan Sutherland は，上記のように究極のディスプレイについて「コンピュータが物質の存在を制御できる」というように表現した。その究極のディスプレイに「表示」された椅

(a)　Paper Printing でつくられた紙の例

(b)　造 形 装 置

図 3.18　Paper Printing[31] でつくられた紙の例と造形装置（口絵 12）

子は実際に座ることができ，手錠は身体を拘束することができると述べる。このように表現された彼のビジョンはいま，**形状ディスプレイ**（shape display），あるいは**形状変化インタフェース**（shape-changing interfaces）として実際に研究が進められている。

コンピュータを介してものを「つくる」デジタルファブリケーション技術から，コンピュータを介してものの形をはじめとする特性を「操る」技術へ，そしてディスプレイやインタフェースとの接続や応用の可能性について概観したい。

3.5.1　形状変化インタフェースとは

これまでフォーカスしてきたデジタルファブリケーション技術の隆盛と並行

して，特に2010年代以降，HCIの領域でインタフェースがそれ自体の形状を動的に変える形状変化インタフェースと呼ばれる技術が注目され，多くの提案がなされている。

変形する家具や，自動車のエアバッグのように，状況や使途に応じてその形状を変化させるプロダクトは古くから考案され，用いられてきた。このような変形を，私たちとデジタル情報とのインタラクションに生かそうとするのが，形状変化インタフェースの研究である。

Jason Alexanderらは，形状変化インタフェースについて以下のように定義している[33)]。

① 入力かつ/または出力として，物体の物理的形状の変化または物質性の変化を利用する。

② インタラクティブに機能し，コンピュータによって制御されうる。

③ 自律的に駆動する（self-actuated）かつ/またはユーザーによって作動される（user-actuated）。

④ 情報（information）や意味（meaning）を伝達する，または作用して変化をもたらす（affect）。

この形状ディスプレイおよび形状変化インタフェース研究の機運は，いくつかの背景・領域で多発的に提案され，しだいに議論や取組みが接続・統合されてきた。

〔1〕 **バーチャルリアリティ，触覚技術からのアプローチ**　一つはバーチャルリアリティ研究の中で特に触覚提示技術の発展の流れである。形状変化インタフェースの観点では，岩田洋夫らの筑波大学バーチャルリアリティ研究室によるFEELEX[34)]やVolflex[35)]などが先駆的である。FEELEXは多数の直動アクチュエータを2次元的に並べたピンディスプレイで，その表面にスクリーンを重ねることにより，変形する映像を触りながら，力覚を提示することができる。Volflexは多数のバルーンを3次元的に配置し，空気によりそれぞれの大きさを制御することで，全体として多様な形状のオブジェクトを表現するものである。これも周囲からプロジェクタで映像を重畳することで視覚情報も付与

される。

2004 年の仲谷正史らによる形状ディスプレイも，**SMA**（shape memory alloy：形状記憶合金）によるピンアレイディスプレイを先駆けた実装例である[36]。90 年代から 2000 年代前半にかけてのこれらの取組みは，バーチャルリアリティにおける力覚提示手段としての意味合いが強いが，形状のリアルタイム出力のみならずユーザーからの入力も取り込んだインタラクションも想定されており，その後の形状ディスプレイや形状変化インタフェースへと受け継がれる。

〔**2**〕 **タンジブルユーザインタフェースからのアプローチ**　　二つ目は，HCI 領域における**タンジブルユーザインタフェース**（tangible user interfaces：TUI）の流れである。MIT メディアラボの石井裕らの提唱する**タンジブルビッツ**（tangible bits）[37] は，物理オブジェクトの実体性とそのメタファを手掛かりに情報に可触性（手触り）を与える。コンセプトを具現化するプロトタイプとして，Phicon（ファイコン）と呼ばれる物理性を持つアイコンとしての多様な入力インタフェースや，アンビエントメディアと呼ばれるデジタル情報（ネットワークの通信量など）を空間的な表現を通して伝達するためのシステムなどが開発された。コンピュータの処理能力と物理的インタラクションの豊かさを兼ね揃える TUI は，従来の平面的なスクリーンベースのインタラクションに代わる手段として注目を集め，教育・学習[38]，遠隔コミュニケーション[39]，ゲームやエンタテインメント[40] などへの応用が取り組まれてきた。

2000 年代後半以降，TUI 自体に変形可能性あるいは変形機能を持たせ，コントローラと非平面的なディスプレイの一体化を目指す Organic User Interfaces (OUI)[41] が提唱される。入出力のどちらにおいてもより積極的に変形を取り込むインタラクションの流れが活発になってきた。上記の石井らのグループは TUI のビジョンをアップデートし，新たな研究ビジョン Radical Atoms[42] を提唱する。これはインタフェースを担う物体が静的で受動的なものが多かった TUI の実装から，よりキネティックで能動的に変化するインタフェースへと移行するもので，Conform（周囲の環境や制約に順応する），Transform（形や外観を変化させる)，Inform（情報を提供する）という三つの要件を示している。Radical Atoms の実装例として，磁力で宙を浮遊し動き回る球をインタフェースとする ZeroN[43]，2 次元的に並べられたリニアアクチュエータアレイによるピンディスプレイ inFORM[44] などを挙げる。

〔**3**〕 **プログラマブルマター，機械工学からのアプローチ**　三つ目に，おもに情報工学，およびロボティクス研究領域を中心とする**プログラマブルマター**に向けた取組みからの流れである。プログラマブルマターとは，1991 年に Toffoli と Margolus が提唱した概念で，多数の小型のコンピュータを空間的に配置して相互に通信することで並列計算を可能にするモデルの提案と概念実証に取り組んだ[45]。さらに，この概念が議論・普及される中で，形状を自律的に（再）構成可能できるモジュラーロボットなどの研究に焦点が当たるようになっていった。2000 年代半ば以降，カーネギーメロン大学の Seth Goldstein らのグループは，Intel Research Pittsburgh のグループと共同で進める研究プロジェクトのビジョンは Claytronics（クレイトロニクス）と呼ばれ，数百万個の塵のように小さなロボット群が連携しながら自在に外観や感触などを変えるというビジョンのもとで概念実証が進められた[46]。これらは HCI の文脈とは異なるが，形状ディスプレイや変形インタフェースを考える上で，多くの先駆的技術要素を含む。

〔**4**〕 **メディアアート，キネティックアートからのアプローチ**　四つ目に，メディアアート/デザイン領域での流れも重要である。発光素子で構成されるディスプレイの代替として，あるいは平面矩形フレームで規定されるディスプレイの代替として，アーティストたちはさまざまな形で情報を表現する手法を編み出し，作品として発表してきた。Daniel Rozin の Wooden Mirror をはじめとする Mechanical Mirrors シリーズ [47] は 90 年代から続く代表的な作品である。木片をはじめとする素材の傾きで光の反射の具合を制御し，そのアレイによって素材感のある「ピクセル群」が構成される。カメラで撮影されたシルエットをその素材群で表現することにより，「鏡」として機能する。ART+COM が 2008 年にミュンヘンの BMW Museum で発表した KINETIC SCULPTURE

も，714 個の球体群の位置や動きを空間的に制御するインスタレーション作品である[48)]。ランダムに見える配置から，具体的なものを表す形状へと，車のデザインプロセスをテーマにした実体のアニメーションが時間軸とともに展開される。これは美しいインスタレーション作品としての完成度はもとより，形状ディスプレイの代表的な具現化事例としても傑出している。

3.5.2 形状変化インタフェースのデザインスペース

Majken K. Rasmussen らは，2012 年にそれまで提案されてきた個々の形状変化インタフェースを類型化し，この研究領域として萌芽的段階ながらその可能性や課題について論じた[49)]。

まず形状変化のモードについて，向き（orientation）や形（form），大きさ（volume），テクスチャ（texture），粘性（viscosity），空間配置（spatiality）など位相幾何学的に同相とみなせる変形から，結合/分離（adding/subtracting）や透過性（permeability）の制御まで多岐にわたる手法が考えられ，それぞれプロトタイプが提案されている。さらに，速度や経路，方向，そしてスケールや周囲との位置関係等によって生まれる空間を変化を規定するパラメータとして挙げる。

筆者らの作品から例を挙げると，松信卓也とともにインスタレーション作品として制作した Coworo[50)] は，スライム状の液体を内部で局所的に攪拌することで，**図 3.19** のように表面に隆起を生成し，モータによる攪拌の位置・向き・速度等を制御することで，その形状を動的に操作する。上記の要素でいえば，本作品の装置は液体の「形」「大きさ」「粘性」「空間配置」を制御でき，さらに隆起部分の「結合/分離」の表現が可能である。デジタルディスプレイのようにきびきびした液体の振舞いから，ドロドロとして液体らしい振舞いまで連続的にその表現を切り替えられるという点も特徴である。

次に Rasmussen らは形状変化インタフェースの類型化にあたり，上記のような定量的パラメータのみならず，人間に知覚される印象を分析しデザインスペースとして取り入れる重要性についても述べている。例えば，滑らかでゆっ

図 3.19 Coworo[50]
(口絵 13)

くりとした動きは鑑賞者に生き物らしさを想起させ，同じように機械らしさや人間らしさ（擬人性）を連想させる動きもある。このような連想（association）に基づく分類や，形容詞などを介して印象の因子を探るアプローチなどが研究テーマとなり，デザインの際の指針となる。

さらに，形状変化インタフェースの類型化においてインタラクションの有無や種類からのアプローチも考えられる。Rasmussen らは，あらかじめ定められたアニメーションやアルゴリズムで動くインタラクションを持たないもの（no interaction），天気の変化やメールの到着など形状変化で表す「間接的な」インタラクション（indirect interaction），ユーザーが形状に対して入力すると，応答するように形状が変化する直接的インタラクション（direct interaction），および遠隔の装置と連動する遠隔インタラクションを提供するものを挙げた。形状ディスプレイや形状変化インタフェースを介してどのようなインタラクティブな体験をもたらすのかという点も重要なデザインスペースである。

3.5.3 形状変化インタフェースの現状と課題

先にも述べた Alexander らは，単一のプロトタイプや個々のデザインの探求から，形状変化するディスプレイやインタフェースを設計・開発するための，より一般的なアプローチへの移行の必要性を説く[33]。彼らは技術的課題，ユーザエクスペリエンスの課題，デザインに関する課題の三つの分野に分けてまとめている。本項でもこの課題分類に基づきながら，現状と課題について述べる。

〔1〕 **共通の技術基盤の導入**　技術的な課題の一つとして，形状ディスプレイや形状変化インタフェースの実装難易度の高さが挙げられる。これまで提案されてきた形状変化手法がそれぞれの研究やプロジェクトでまちまちであり，共通した開発・実装プラットフォームがなく，体験の共有や比較が難しいという点がある。特にピンアレイなどの機械的なアプローチで構成される形状ディスプレイや形状変化インタフェースは，ハードウェア・ソフトウェア・コンテンツ開発ともに必要となる専門的知識・スキルが多岐に渡り，障壁が高い。本章の主眼であるデジタルファブリケーション技術等の積極的な活用により，これらのディスプレイやインタフェースの実装をどう支援できるかという点は重要な課題となる。

一方で，ソニー・インタラクティブエンタテインメント社の toio[40] のように，一般向けの小型ロボットで，かつ開発環境をオープンにしているプロダクトの登場は今後に大きな期待を抱かせてくれる。toio は無線で動くキューブ状の小型ロボットで，同時に複数台の動きを個別に制御することも容易である。特殊な印刷を施したマットの上で，ID，位置，向き，さらには加速度等を取得することができ，タンジブルユーザインタフェースの基盤技術としても有用である。また，筆者も開発に関わった触感表現のためのツールキット TECHTILE Toolkit[51] も，物体の振動触感を簡易に記録・加工・再生できる手段として有用であり，ワークショップの展開や製品化・オープンソース化することにより非専門家を含めた多くのクリエイターが利用している。このように多くの人が実装に参加するための，スキルや知識，コストの障壁を下げ，アクセスしやすいツールやコンテンツの設計・提供が望まれる。

〔2〕 **小型化，軽量化，高解像度化**　Alexander らの指摘する技術課題の二つ目は，装置の小型化，軽量化，そして高解像度化である。多くの機械式アクチュエータによる形状ディスプレイは，装置自体が大規模で，重く，据え置きの状態でしか使うことができない。技術的制約から生まれるフォームファクタの限界は，形状ディスプレイや形状変化インタフェースの応用の自由度を奪う可能性がある。

光学ディスプレイの画素数が年々向上していくように，機械式アクチュエータの小型化や高密度化も徐々に実現されていくだろうという楽観的な見方もできるが，筆者らは少し異なるアプローチから小型化や軽量化に挑戦している。

それは，ソフトロボティクスなどの知見をアクチュエータやセンサの小型・軽量化，柔軟化に生かそうという考え方である。すでに紹介したSingle-Stroke StructuresやPrintflatablesのように空気圧でものの形を変えたり，動かしたりというインフレータブルの仕組みは，ソフトロボティクスの領域では一般的である。先駆的な事例では，Volflexでも形状ディスプレイにバルーンの束を用いていた。インフレータブルな構造は，空気を抜けば装置全体がコンパクトに収まること，またユーザーに触れる部分が柔らかく安全なことなどのメリットがある。気体や液体を駆動させながら，必要な箇所の体積や動き，ときには色や温度等を制御しマルチモーダルなインタラクションへとつなげる研究は今後ますます増えていくだろう。

一方で流体制御においては，外部に機械的なポンプやコンプレッサが必要になるものも多く，動作音の問題や全体としての装置の大型化や可搬性の低さを課題として抱える。筆者らのグループでは，東京工業大学の前田真吾らのグループと協働しながらelectrohydrodynamics（EHD：電気流体力学）効果を生かした小型アクチュエータをオブジェクトに組み込み，形状変化や色彩変化などを制御する手法について開発を進めている。その一つとして開発した手法LayerPump[52]は，レーザーカッターを利用して，立体的な物体の内部に流路を構成し，機械的なポンプを用いることなく気体や液体などの流体を送り出し変形や動きなどの表現を生み出す（図**3.20**）。EHDは，誘電性液体に浸した電極に電圧を印加すると電界が発生し，電界に応じて特定の誘電性液体が動く現象である。流体が泳動することから，ポンプとして機能させることができる。

具体的に本手法では，レーザーカッターやカッティングプロッタで任意の形や穴を切り出したプレートとEHDポンプとして機能する電極を層状に積層させ接着・密封することで，オブジェクト内部にポンプと流路部分をつくり出し，手軽な試作ができる。EHDポンプの電極は局所的に櫛形の形状を保っていれ

図 3.20　LayerPump[52)]
（口絵 14）

ば全体の形状や配置は高い自由度があり，オブジェクトの形状に沿って配置したり，分散的に配置するなど，意匠的な工夫の余地が大きい。また，駆動時に音が発生しないという特徴もある。この研究では，このポンプ設計の仕組みを使って色や動きの制御および触覚提示などの機能を実装した。

〔**3**〕 **変形に伴うマルチモーダルな表現**　　次の形状ディスプレイ，形状変化インタフェースの課題と挑戦は，形状に加えてほかのモダリティの変化を合わせて実現することである。TUI の説明でも述べたが，これまでの形状ディスプレイや形状変化インタフェースにおいては，実体を持つ変化と，映像プロジェクションのようにそれ自体はつかむことができない変化を組み合わせるものが多い。装置の可搬性や変形などを考慮すると，外部の投影装置などの物理的配置の制約を受けることなく，マルチモーダルな変化を制御可能な機能を内包するディスプレイ装置の実現が望まれる。

形状と組み合わせるモダリティとしては，色彩・温冷・テクスチャ・発光・音などさまざまに考えることができるだろう。この観点で研究を行った筆者らのグループの藤井樹里，松信卓也らが中心となり開発した COLORISE[53)] は，素材の特性を利用して形状と色彩を同時に変化させる実体ディスプレイである。

これは，図 **3.21** のように空気で膨らむ膜を 2 次元状に並べたもので，装置内部からの空気注入によって膨張・収縮を制御する。この際の膜のサイズとタイミングを制御することにより，2.5 次元的な形状ディスプレイとして機能する。その上で，この装置の工夫として色の異なる膜を層状に重ねて，空気を送り込む層を切り替えることで，例えば一番上の層だけ膨らんだ場合には白，二番目

図 3.21　COLORISE[53)]
（口絵 15）

の層が一番上の層を押し上げながら膨らんだ場合には赤，三番目の層が上の二層を押し上げながら膨らんだ際には紫，などのように膜の色を変えることができる。発光素子に頼ることなく形状・色を制御できるという点が特徴である。

〔4〕 **変形に伴う入力とインタラクション**　　インタラクションにおける外部からの入力についても，同様に全体のシステムスケールや操作の直接性を考えると，カメラなどの入力デバイスを別の場所に取り付けることなく，変形部位そのものがセンシング機能を携えることが望ましい。筆者らのグループでは，佐倉玲らを中心に 3D プリンタを利用した一体造形可能な変形センサ LattiSense の研究を進めている[54)]。FFF 方式の 3D プリンタで導電性の TPU（熱可塑性ポリウレタン）フィラメントを用いて，**図 3.22** のように格子が周期的に並ぶラティス構造に基づく柔軟な立体物を造形する。この立体物表面あるいは内部の

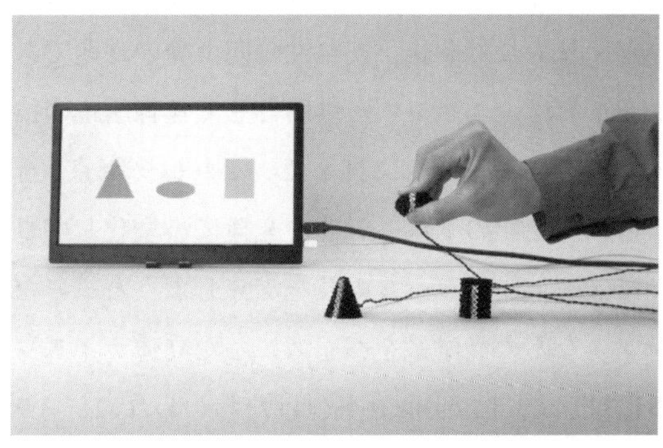

図 3.22　3D プリントソフトセンサ LattiSense[54)]

離れた2点に電極を取り付けると，押し潰された際に，電極間の抵抗値が変化する。この原理に基づき，3D プリントされた立体物を変形センサとして用いる。

研究では，**マルチフィラメント 3D プリンタ**を利用して，導電性フィラメントと非導電性フィラメントを組み合わせて造形することで電極間の導電パスを設計可能にし，電極を取り付ける位置の自由度を高める工夫を施している。将来的には，アクチュエータと組み合わせることで，変形機能とセンシング機能が共存する 3D プリントオブジェクトの実現を目指している。

〔5〕 無線化，エネルギー供給　Alexander らの論文[33]で，その他の技術課題として挙げられていたトピックは無線化やエネルギー供給に関する点である。自由な移動や変形を実現する上で，複雑な配線や，電源供給のためのケーブルが邪魔になることは多い。その点において，通信の無線化や，エネルギー供給の無線化が求められることは多い。

例えば，Ars Electronica Future Lab の Drone100[55]は，空中に 100 台の光源を組み込んだドローン群を飛ばし，その位置と発光タイミングを無線で制御することにより空中に鮮やかなアニメーションを描き出すことに成功した。その後，ドローン群の発光によるパフォーマンスは東京オリンピックなどでも披露され，用途や市場の拡大を見せている。このような空中での形状ディスプレイとも呼べる制御とさらなる表現の実現の鍵を握るのは，ドローン自体のハードウェアの性能向上に加えて，高精度な位置制御を含めた安定して高速な無線通信であり，バッテリの長寿命化・安全性の向上等の課題であろう。

筆者らのグループでは，エネルギー供給として無線給電の技術に注目し，超小型発光デバイスの空中浮遊制御に挑んだ。これは，東京大学の高宮研究室・川原研究室とともに，上記のドローン群を究極に小型化して卓上サイズで光りながら浮かぶミリメートルスケールの粒を実装しようと試みたプロジェクトである。従来のレンズなどの光学系をベースにした立体ディスプレイが実体を持たないという点に対して，Luciola と名付けたわれわれのシステムは，空中を自由に移動して，自ら発光し，手で触れることができるという要件を満たす（**図 3.23**）[56]。

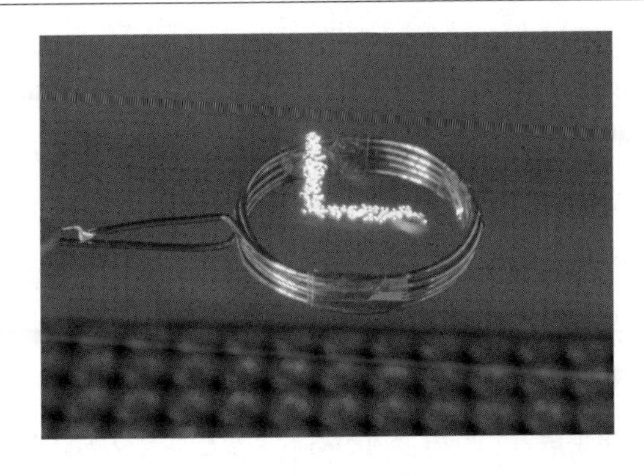

図 3.23　Luciola[56]
（口絵 16）

このためには，粒を 3 次元空間中を浮遊・移動させること，そしてその粒を発光させることという二つの機能を実現する必要がある。前者は，超音波集束ビームを用いて実現し，後者は無線給電技術で実現する。具体的には，卓上に上下対向して配置された 1 対の超音波スピーカアレイから 40 kHz の超音波を発し，各スピーカを駆動する電気信号の位相を制御することにより超音波ビームの焦点を 1 か所に集め，小さな粒を空中に浮遊させながら捕捉することができる。さらに，位相を制御して焦点位置を変えることで，粒の位置を水平および垂直方向に移動させることができる。この研究では，この粒に LED を組み込むことで，浮遊させながらの発光を試みるのだが，粒は小型かつ軽量である必要があり，大きく重たいバッテリを内蔵するのは現実的ではない。そこで無線給電技術で卓上から粒に埋め込まれた回路への電力供給を考える。フレキシブルプリント基板に受電用コイルを印刷し，1 mm 四方の専用 IC チップと LED をともに実装することで，直径 4 mm，重さ 16 mg の半球状の発光物体の作製に成功した。

これまでに長時間露光撮影を用いて空中に文字や図形を表示したり，ユーザーの視線に合わせて本の上を移動して照らすなどのアプリケーションを実装した。本研究で同時に浮遊できる発光体は一つに限られるが，超音波浮遊の研究自体は同時に多数の物体を個別に移動させる技術も発表されており[57]，今後それらの技術と組み合わせることで卓上の群発光ディスプレイ等の実現も将来的には可能性が見えてくる。

3.5.4 ユーザー体験の設計と応用に向けて

ここまでは技術面での課題や挑戦についてまとめてきた。ここからは技術的実装手段からユーザー体験や応用へと視点を移し，形状ディスプレイや変形インタフェースがどのように用いられるかに関わる課題について述べていく。

Rasmussen らの論文[49]では，形状変化インタフェースのもたらす価値について，機能的側面からは，情報伝達，アフォーダンスの提供，触覚フィードバック，造形などを挙げた。また，感性的側面として，まずアートやファッション，建築などに見られる美的表現手段としての活用がある。また，ソフトロボットや照明などに生き物らしい振舞いを付与することで情動に働きかける手段として活用される例などを挙げる。

このように感性的側面を含む応用領域を拡大させていく際に，どのように変形を設計すれば，ユーザーにどのような印象や情動をもたらすかなどといった知見や理論も必要となる。関連研究として，Queen's University の Paul Strohmeier らのグループは，柔軟でありながら変形や動きを制御できるシート状のインタフェースを用いて，変形や動きがそれを観察する人にどのような感情として読み取られるのかについての調査を行った[58]。情動反応を感情価（valence）と覚醒度（arousal）の軸に分けて捉えたときに，この研究では形の幾何学的な特徴は感情価の軸に影響を与え，その動きは覚醒度に影響を与えるという知見が報告された。同様に，Indiana University Bloomington の Haodan Tan らのグループでは，シンプルな構成の変形モジュールを用いて，その伸縮や曲げなどの形状変化が，観察者にどのような感情として知覚されるかの調査とともに，形状変化における方向，向き，速度などの要素と情動反応の因子の対応についての知見をまとめた[59]。これらはまだあらゆる装置や状況に一般化できる知見ではないが，このような研究・取組みが今後より活発に行われることに期待したい。

このほか，Rasmussen らは，形状変化インタフェースの使い道として形状探索（exploration）のための道具としての利用，また形状（変化）をプログラミングするための手段としての利用を挙げる。研究者など専門家以外を含む多くの人が形状変化のデザインに関われるようになるために，ツールキットなど導入的な道具立ての整備や，つくり方や操り方に関する情報を共有する取組みが求められる。

先駆的取組みとして，University of Bristol の Isabel P Qamar らのグループは，“HCI meets Material Science” と題して変形する材料とその HCI への適用事例について 267 個におよぶ参考文献とともにまとめている[60]。そして，その事例は Web ページにまとめられている†。さらに，形状変化インタフェースの設計発想支援のために自然物の変形についての知識を得られるカード（Morphino）も本 Web サイトから手に入れることができる。

筆者が関わっていた JST 川原 ERATO 万有情報網プロジェクトで取り組む Open Soft Machines[61] では，つくり方を動画を中心に紹介し，さらに材料の入手方法なども含めて情報がまとめられている。さらに，プロジェクトメンバーのソンヨンア（当時，東京大学）らを中心に，上記のレシピをもとにして実際にソフトインタフェースやソフトロボットを作成するワークショップデザインを組み立て，多様な実践へと誘う取組みを展開している[62]。

コラム：エラーから広がる？ デジタルファブリケーション表現

本章でも触れるように，一般的に 3D プリンタをはじめとするデジタルファブリケーション装置は，入力された設計図（デジタルデータ）の通りに物質を形づくる機械として開発されています。ユーザーがあらかじめイメージした形状がそのまま出てくることになります。しかし，実際に素材を扱う造形現場ではつねにすんなり上手くいくわけではなく多くの「エラー」に出くわします。例えば，出力結果を楽しみに 3D プリンタの中を覗くと，フィラメントがモジャモジャになった無惨な出力物が横たわっていたという経験をした人も多いのではないでしょうか。

人類学者のインゴルドは，著書『メイキング 人類学・考古学・芸術・建築』[63] において，「ものをつくることの意味」について論じています。この中で，インゴルドは質料形相論を批判する立場をとります。ここで質料形相論とは，つくり手があらかじめ心の中に描いた形状（形相）を物質（質料）に押し付けるとい

† http://morphui.com/

う見方です。形状が物質と独立する形で（つくり手の中で）先に定まっていて，それを物質が受け取るかたちでものが完成します。これに対して，インゴルドは物質をより能動的な存在として考え，つくり手はその世界に介入しながら物質と「力を合わせる」ことで形状が生まれていくという態度をとります。必ずしも形状が先にあるのではなく，つくり手と物質との関係の中で，形を得ていくという見方を示しています。

先ほど述べた3Dプリンタでのエラーの例は，意図したものができなかったという点で（質料形相論の観点では）「失敗」なのですが，予期せぬ物質の振舞いをむしろ積極的に機能や表現に取り入れようとする研究者やアーティスト，クリエイターたちがいます。オーストリアのアーティストLIAは，3Dプリンタにおけるフィラメントの特性に注目し，G-Codeを調整することで，綺麗に積層されないランダムなフィラメントの形状を含めて造形作品の表現の一部として取り込む作品群Filament Sculptures[64]を発表しています。MITのOuらのグループは，Cilllia という3Dプリント造形物に毛状の表面を与える手法を発表しました[65]。美しい毛状のオブジェクトを出力できるだけではなく，アクチュエータやセンサとしても応用するなど幅広い展開可能性がある技術です。さらに，明治大学の高橋治輝らは，このような3Dプリンタのパラメータ調整による表現拡張を支援するために，Gcode Synthesizerというツールを開発しました[66]。これは，FDM方式3Dプリンタの出力パラメータをGUIで調整・探索できるソフトウェアで，ノズルの位置や速度などを「ずらす」ことで毛状の表現や，波打った表面など，さまざまな質感を持つ独特な表現を生み出すことができます。

装置をハックするこれらのアプローチは，デジタルファブリケーションにおける物質と力を合わせたものづくりと見ることができます。ときどき出会う偶発的なエラーに対しては，失敗と切り捨てるだけでなく，新たな使い道や表現の種として楽しんでみてはいかがでしょうか。

3.6　む　す　び　に

本章では，前半はデジタルファブリケーションに関わるインタフェースやインタラクション技術について，そして後半は形や姿などものの持つ特性を動的に操る，あるいは介入することで人とものとのインタラクションをつくるディスプレイやインタフェースについて取り上げた。

これらの技術は，ものを製造するのみならず，コンピュータを介してものにアクセスし，インタラクションすることを可能にする。また，ものは静的な姿・形にとどまることなく，動的な振舞いや変化を携えることができ，造形時に完成を迎えてあとは変わらないということではなく，つねに変化とともにあるもののあり方を示してくれる。さらに，これからはつくるための手段のみならず，ものを適切に分解したり壊すための手段についてもより眼差しを強める必要性もあり，今回紹介した技術の一部はこのような観点からの貢献も期待できる。

本章でも述べた通り，それぞれの技術はまだ洗練・高度化する余地を残している。今後，技術的な検討のみならず，その実用的応用に向けて倫理や法律，社会システムへの調和なども含めてその可能性や問題点の議論を深めていく必要がある。

美的に機能的に周囲と調和するものの形，人間の行動や情動を引き起こすもののあり方，また環境とともにサスティナブルに存在するものの生態系など，これからの技術起点での多様な関係の広がりを見据えつつ，領域をまたいだオープンな研究・議論・実践がさらに活性化していくことに期待したい。

謝　　辞

本章で紹介した筆者の関わる研究や作品は，それぞれ共著者や共同制作者との議論や協働により実現したものである。ともに研究を進めた東京大学および慶應義塾大学の筧研究室のメンバーにも心から感謝する。また，JST ERATO 川原万有情報網，JST CREST「局所性・指向性制御に基づく多人数調和型情報提示技術の構築と実践」，科研費学術変革（A）「実体の質感情報を引き出すフィジカルメディアの設計と表現」などのプロジェクトにおける研究成果や議論である。それぞれのプロジェクトのメンバーにもこの場を借りて感謝する。

第 4 章

パーソナルファブリケーション

本章では，パーソナルファブリケーションとして，どのような機器があるのかを紹介しながら，身近なものづくりを題材とした研究事例・その周辺分野の技術を紹介していく。大量生産された商品の中から自分の欲しいものを選択するのではなく，自分が欲しいものを自分でデザインして使うことが当たり前の世の中になったとき，そのための設計・制作を支援するツールや技術が必要となる。本章で紹介できるのはいくつかに過ぎないが，興味のある機器やツールが見つかれば，これをきっかけに掘り下げてみて欲しい。

4.1 初心者がデザインをすることは簡単か

コンピュータを利用して，初心者が現実世界の“もの”を設計するような動きが国内外で広がっている。かつてコンピュータは専門家が設計をしたり制作をしたりするために使われてきた。例えば，CAD（computer aided design）システムは自動車や飛行機を設計するためのシステムであり，その専門家が使うソフトウェアであった。ところが 2010 年頃から**パーソナルファブリケーション**という概念が急速に注目を浴びるようになった。これは個人レベルで欲しいものを何でもつくれる社会を実現することを意味する。レーザーカッター，3D プリンタなどの工作機器が安価で手軽になったことで一般ユーザーにとっても身近となり，個人利用を前提とした技術開発が進み，施設も増加した。例えば，ファブラボ†は，デジタルからアナログまでの多様な工作機器を備えた市民工房ネットワークであり，レーザーカッター，ミリングマシン，3D プリンタ，電子

† http://fablabjapan.org/

工作ツールなどを一般ユーザーが使えるような場として，広まっている。

また，家庭用に普及しているインクジェットプリンタと同価格程度で 3D プリンタが手に入るようになったことから，自宅に 3D プリンタを購入して使い始めたという一般家庭の話も聞くようになった。これまで限られた人にしかできなかった**ラピッドプロトタイピング**（高速に試作品をつくってみること）が，一般ユーザーにでも行えるような時代になったのである。かつて大型だったコンピュータやワークステーションが個人向けの小型コンピュータやスマートフォンとなり，家庭に 1 台，個人に 1 台と私たちの生活の中に入ってきたように，ファブリケーションも私たちの生活に入ってきつつある。

ファブリケーションといっても，だれでも簡単にものづくりができるといえるだろうか。例えば，身近な 3 次元物体であるぬいぐるみを題材にして，デザインに挑戦してみてもらいたい。ここで，立体のデザインはちょっと苦手だなと思う人もいるかもしれない。紙と鉛筆を持ってきて，自分の思い浮かぶ好きな立体（3 次元）のぬいぐるみをデザインしてみよう。クマでもウサギでもよいが，できれば何かの模倣ではなく，オリジナルな形に挑戦してもらいたい。

さて，立体のぬいぐるみの外形がイメージできたとしよう。では，今度はそれのぬいぐるみをつくりたい。ここで何をする必要があるだろうか。立体形状を裁縫して製作するためには，平面（2 次元）の型紙が必要である。いまデザインしたオリジナルの 3 次元形状をつくるための型紙をつくってみるとしよう。型紙は平面で表現する。縫い合わせたあとの 3 次元形状が，先程自分がデザインした 3 次元形状になるような平面の集まりを設計していかなくてはならない。うまくできた，と思う人はぜひ縫ってみよう。

実際にぬいぐるみを自作したことがあるという人は，市販の製作キットを購入してきてつくったり，書籍に掲載されている型紙を使ったりしていることが大半である。もちろんそれらの型紙は経験や知識のある専門家がデザインして販売されている。本当に初心者がぬいぐるみをデザインしたいとき，知識も経験もないことをどうサポートしたらよいだろうか。従来であれば，型紙設計の知識を勉強する，熟練者に教えてもらう，何度も失敗を繰り返して試行錯誤をすることで上達する，などの方法をとるか，あきらめてしまうかだろう。

ここで，コンピュータの出番である。足りない知識や経験をコンピュータで補うことで，初心者でも簡単にデザインできるシステムが研究・開発されてきている。ぬいぐるみデザインシステム Plushie（プラッシー）[1] は，ユーザーが**スケッチインタフェース**（sketch interface）でお絵かきをするようにマウスやペンタブレットなどを使って画面にデザインをしていくと，その線をもとに型紙を自動生成しユーザーに提示する（図 **4.1**）。

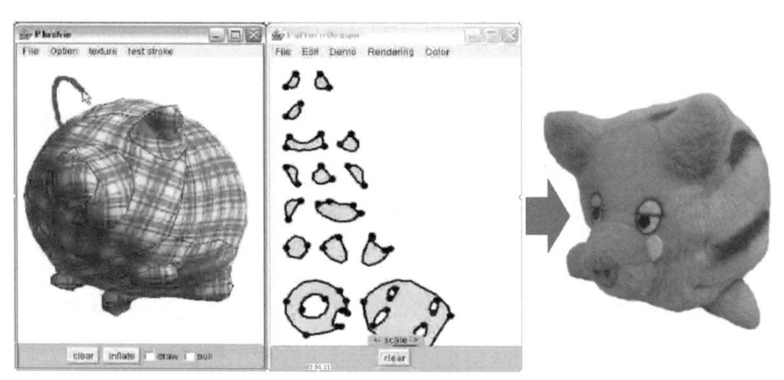

(a)　3D モデルのデザインと型紙自動生成　　　(b)　完成したぬいぐるみ

図 4.1　ぬいぐるみデザインシステム Plushie (プラッシー)[1] によるデザイン

また，それと同時にその型紙を縫い合わせた結果を物理シミュレーションで計算してユーザーに即座に提示する。ユーザーはこのシステムを操作しながら，「ここはカットしようかな」「ここに突起が欲しいな」「ここはちょっと小さいからつまんで引っ張って伸ばしたいな」と対話的（インタラクティブ）にシステムに入力すると，システムが型紙を自動生成していく。

内部的には 3D モデルの内部に綿を入れるシミュレーションが適用されており，モデリングとシミュレーションを融合させることで，「ぬいぐるみになるような形状」だけがデザインできるシステムになっている。ぬいぐるみを構成するそれぞれの布は歪みなく 2 次元に展開できる形状でなくてはならない。つまり，3D モデルの表面を構成するパッチ（patch：ここでは縫い目で囲まれた領域）一つひとつが**可展面**（developable surface）になっていなくてはならないといった制約がある。システムが物理シミュレーションを適用することでこれを考慮したモデルをデザインできるようになり，ユーザーがモデリングをするときにはそういった制約を一切考えずに，カット線を描いたり，突起を描いたりするだけでよいようなシステムになっている。

少しだけ内部のアルゴリズムを紹介すると，ユーザーの入力した線（**図 4.2** の赤い線）をそのまま型紙にして縫い合わせたシミュレーションを適用すると，綿を詰めるので外形はひと回り小さくなってしまう。ユーザーが欲しいのは縫い合わせて綿を詰めた結果が，赤い線に合うような型紙である。これを実現するために，自動生成した型紙をもとに，「法線方向に膨らませて縫い合わせ，シミュレーションを適用する」ということをシステム内で何度も計算することで，図（b）のような「ユーザーの入力線に外形が合うような 3D モデルと対応する型紙」を自動生成しているのである。

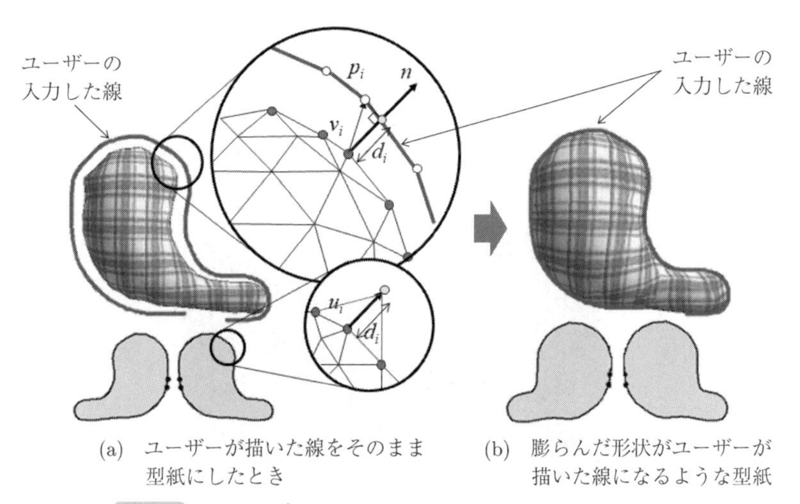

(a)　ユーザーが描いた線をそのまま型紙にしたとき　(b)　膨らんだ形状がユーザーが描いた線になるような型紙

図 4.2　Plushie[1] におけるシミュレーションのアルゴリズム

ここではぬいぐるみを例に挙げたが，身の回りのいろいろなものを思い浮かべて欲しい。「衣服を縫ったことがあるよ」「家具も自作したことあるよ」という人もいるかもしれないが，専門家がデザインした設計図を利用して私たちは

「製作」しているだけではないだろうか。ここにコンピュータを使って，情報技術で支援することで，知識や経験のないユーザーでも自分だけのオリジナルデザインの何かを「つくる」ことができるようになるのである。

4.2 プ リ ン タ

家庭に普及しているプリンタでは，A4 サイズのカラー印刷ができるインクジェットプリンタが主流である。レーザープリンタやコピー・スキャンもできる複合機，A3 サイズが印刷できる大型のものなど，さまざまなタイプが販売されており，コンビニでも手軽に印刷できるようになった。

プリンタは印刷をすることで，コンピュータの中のデザインを実世界に取り出すことができる身近なツールである。4.1 節でも紹介したぬいぐるみデザインシステム Plushie（プラッシー）[1] でも，型紙の提示までは，コンピュータで行うが，最終的に縫うときには，プリンタで型紙を印刷して，縫製をしていく。印刷できるものは紙だけでない。家庭用インクジェットプリンタで印刷可能な布[†]も販売されている。これを使えば手軽にオリジナルな布を手に入れることができる（図 **4.3**）。

図 4.3 インクジェットプリンタで印刷可能な布

† エーワン A-one 30503「布プリ　生地タイプ　のりなし　A4 判」，カワグチ kawaguchi 11-280「プリントできる布　クラフト用コットン　A4 サイズ」など

ポーチデザインシステム Podiy（ポディ）[2] は，自分好みのポーチの作成を補助する支援システムである。ユーザーは Podiy を使って，希望するポーチのサイズを入力したり，側面や底面の型紙のつながりをデザインしたりすることができる（**図 4.4**（a））。また，布デザインツールを用いて，チェック柄の布をデザインしたり（図（b）），自作の画像を入力したりして（図（c）），ポーチデザインシステム内で使用する（図（d））。ここでデザインした布は印刷可能な布

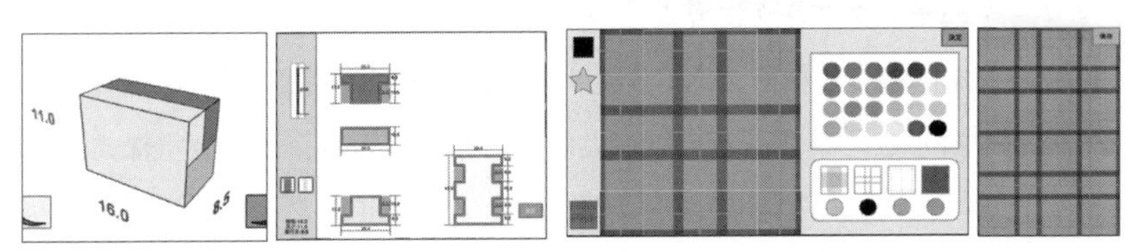

（a）ポーチデザインモード　　（b）チェック柄デザインモード

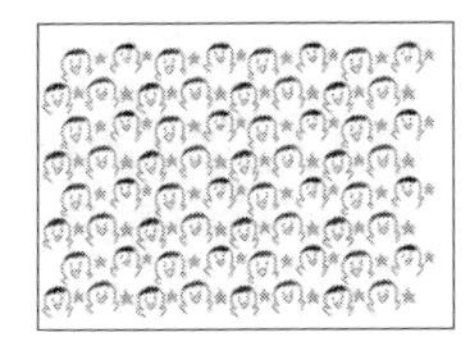

（c）イラストでのデザイン

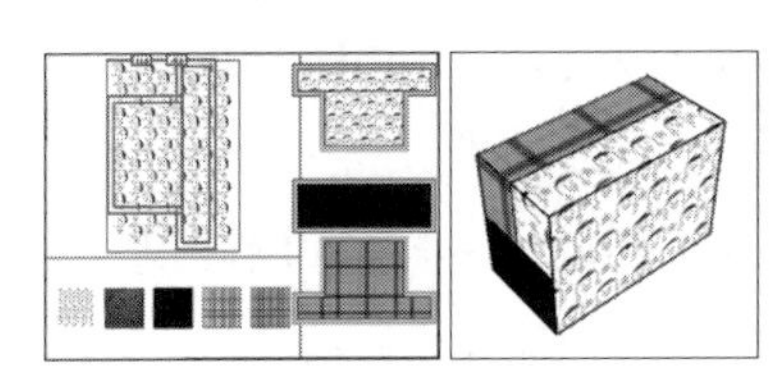

（d）布カットモード

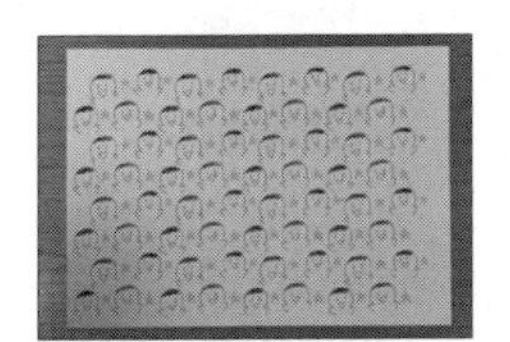

イラストをそのまま
A4 サイズで印刷

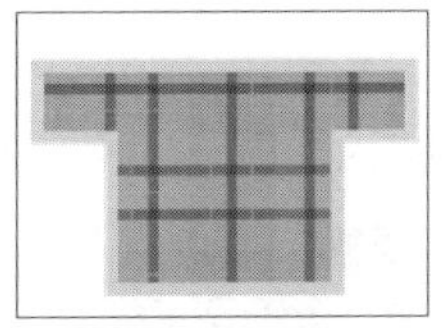

システムで縫い代を表示

縫い代を含めた使用
形状での印刷も可能

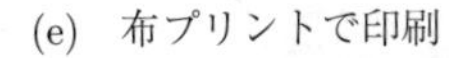

（e）布プリントで印刷

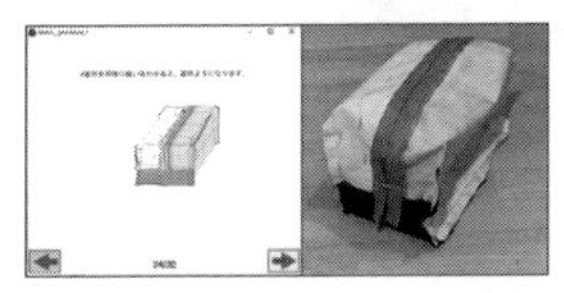

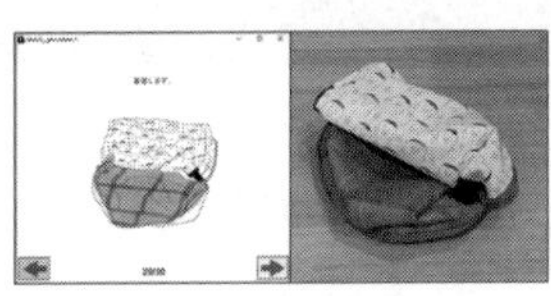

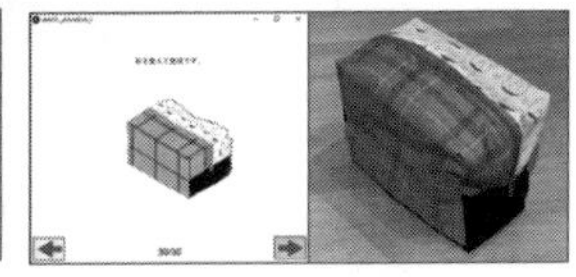

（f）デザインした柄を反映した製作支援

図 4.4　ポーチデザイン支援システム Podiy[2]

を使って印刷することで，そのまま実際のポーチ作成に使用することができる（図（e））。製作支援モードでは，ここまでに用意した布の画像を用いて実際の様子のように表示することができ，布の向きなども含めてユーザーにわかりやすく提示することができる（図（f））。

インクジェットプリンタのインクを銀ナノインクに入れ替えることもできる。**インスタントインクジェット回路**（instant inkjet circuit）[3] は，インクジェットプリンタのインクタンクに導電性の「銀ナノ粒子インク」を入れることで，電子回路などを印刷する技術である。従来の回路作成は，高価な機器が必要で，手間も時間も掛かる作業である。東京大学の川原圭博らは，三菱製紙株式会社が開発した，焼成といった後処理が不要な銀ナノ粒子インクと写真用紙を組み合わせ，市販のプリンタで印刷できる回路作成手法を提案した。この手法により，従来の 100 分の 1 程度の価格，100 分の 1 以下の時間で電子回路が作成できるようになり，紙に印刷したために軽く折り曲げられる利点も持つこととなった。これにより，一般ユーザーが手軽に電子回路を設計したり試行錯誤したりできるようになった（図 **4.5**）。

図 4.5　銀ナノインクでプリントした電子回路[3]
〔提供：川原圭博〕

4.3 3D プリンタ

前節のプリンタは2次元の紙に印刷をするものであるが，立体的に印刷ができる「3D プリンタ」も手軽になってきた。**図 4.6** のように，積層型，光造形などさまざまなタイプがあり，どれもファブラボなどの施設で初心者でも使用可能である。大学でもファブリケーション系の研究室であれば，各研究室に1台はあるような時代がきた。そして，3D プリンタが安価で手軽になったことで，個人レベルでのデザインや試行錯誤にも手軽に使えるようになってきた。

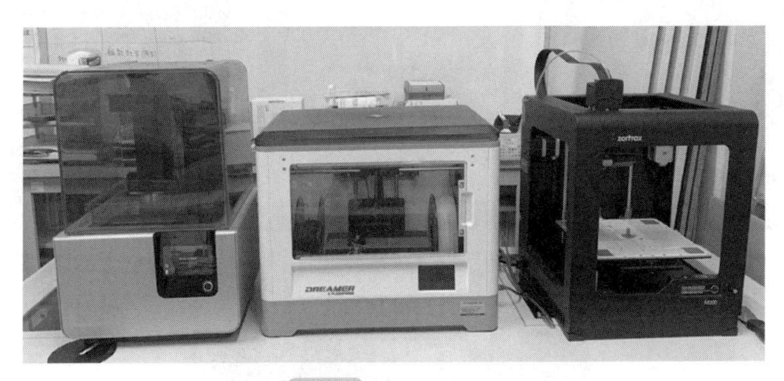

図 4.6　3D プリンタ

例えば，霧吹きなどで水をかけると隣接するビーズがくっつく「アクアビーズ」では，通常は既製品の格子状の型の上にドット絵のようにビーズを並べて製作する。しかし，隣り合ったビーズが接していれば霧吹きで表面を溶かしてくっつけることができる仕組みであるため，**図 4.7** のように，ビーズ同士の配置が必ず隣接するようにデザインできるエディタを開発し，それを実世界につくるための型を 3D プリンタで出力することで，自由配置の自分だけのオリジナル作品をつくることができる4)。

また，**図 4.8** は日本の伝統工芸である木目込み細工に 3D プリンタを導入して型を作成することで，その制作を手軽にした研究5) である。木目込み細工と

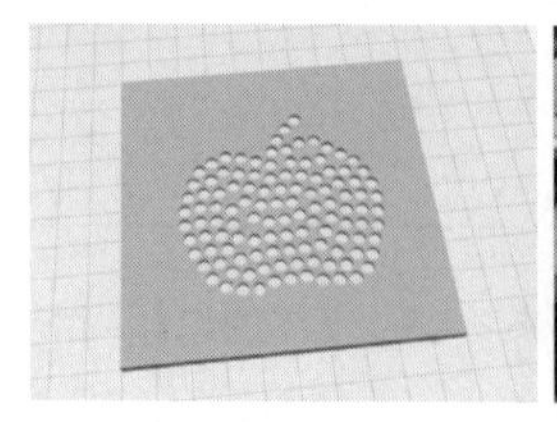

(a) 支援システムでデザインした 3D モデル

(b) 3D プリンタでの出力の様子

(c) 自作アクアビーズの製作の様子

図 4.7 隣り合ったビーズが必ず接するような位置に穴を開けた自作アクアビーズ型[4)]

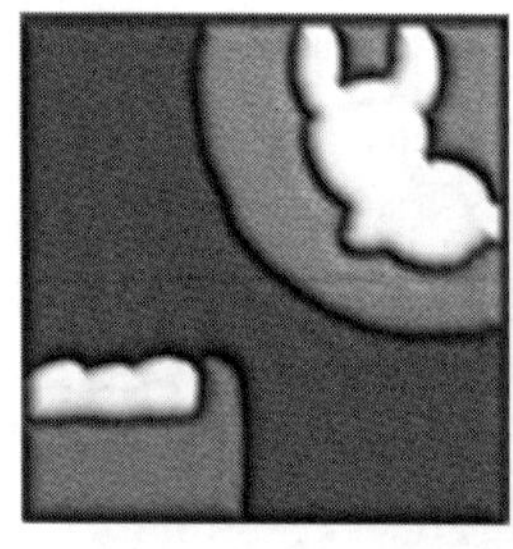

(a) 支援システムでのデザイン画面

(b) 3D プリンタでの出力

(c) 木目込みした作品

(d) 木目込みしている様子

図 4.8 3D プリンタを使用した木目込み細工デザイン[5)]

は，あらかじめ溝を彫っておいた木製の型に小さな布の切れ端を押し込んで貼り付けた工芸品である。手芸洋品店などで販売されている製作キットを利用すれば初心者でも簡単につくることができるが，初心者がオリジナルのデザインをするのは難しく，通常は専門家がデザインした型を利用して作成部分を楽しむことしかできない。

コンピュータでデザインすることでユーザーが手軽に試行錯誤をできるという利点がある。従来の木製の型を利用したデザイン方法では，一度削ってしまうとやり直しが効かないが，システムでは手軽に試行錯誤が行える。それに加えて，**図 4.9** のようにユーザーがデザインした絵の溝の長さを使っておよその製作時間の提示することで，自分の実力でつくることができるかなどを考えながらデザインしていくことができる。

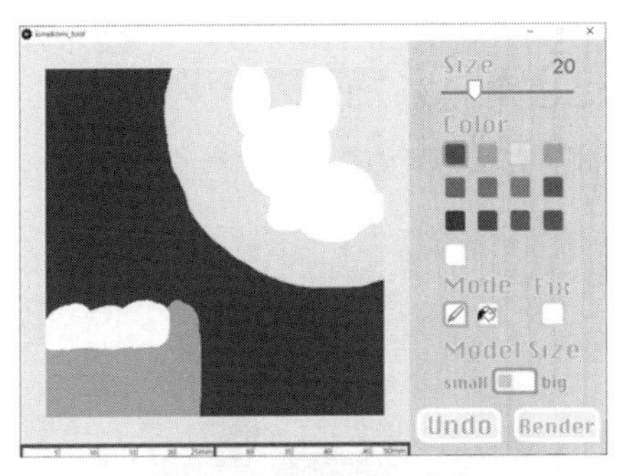

(a) システム上でのデザイン

(b) 予想：24 分

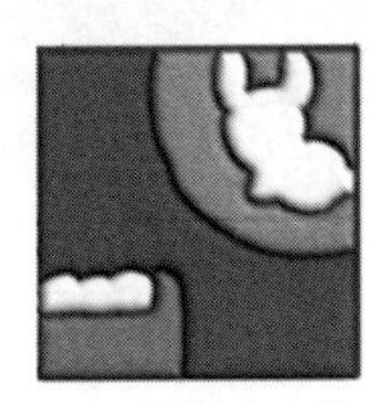

(c) 予想：40 分

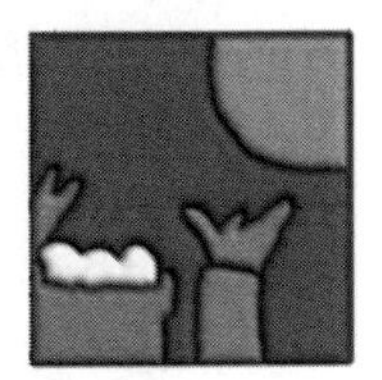

(d) 予想：51 分

図 4.9 システム内で試行錯誤すると同時に製作時間を確認可能

3D プリンタは試しに一つだけつくってみたい，いろいろなサイズや形状で試行錯誤してみたい，というときには便利であるが，同じものを大量につくりたいときには，通常は金型をつくって流し込んで固める「鋳造」という技術を使う。こういった成形は，金型に掛かる初期費用を生産単価の低さで相殺することができるという，一般的な大量生産方法である。ここでは，この金型を 3D

プリンタでつくる研究「CoreCavity」[6] を紹介する。

鋳造では成形技術の物理的な加工上の制約から，成形可能な対象物の形状が制限されるのが一般的である。複雑な形状の場合，成形可能なパーツに分解するのが一般的であり，プラスチックモデルキットはその代表的な例である。しかし，このような分解を行うにはかなりの専門知識が必要であり，製作技術の技術的側面だけでなく，美的配慮にも依存する。CoreCavity は，3 次元物体を入力として，二つの硬い金型の組合せで作成できる形状に分割する手法である（**図 4.10**）。システムは内部的に最適化問題を解いているが，美観を生かしたデザインにするためにユーザーが，分割線を修正したり，分割したくない部分をペイントしたりすることができる。3D プリンタで型をつくり，レジンを流し込んで固めることで，同じ形状のものを大量につくるといった用途に便利である。

図 4.10　型を出力できる CoreCavity[6]
〔提供：中島一崇〕

3D プリンタを使えばオリジナル楽器もデザインできる。管楽器は振動で音を出す楽器で，音孔と呼ばれる穴が管にあり，それを指で塞いで音程を変える仕組みになっている。振動の波と内部形状の複雑な相互作用の結果，音響共振が起こり音が鳴るというわけである。そのため，ドレミファソラシドと正しい音階の鳴る自由形状の管楽器を手作業で初心者が製作することはとても困難な問題である。

自由形状の管楽器を初心者がデザインできるPrintone[7]では，ユーザーのインタラクティブな形状デザインに応じて，サウンドシミュレーションを行い，ユーザーにインタラクティブにフィードバックする（図 **4.11**）。そもそも，3次元管楽器のサウンドシミュレーションは，計算量が多いことが知られているが，ユーザーがオリジナルデザインを設計しやすいようにインタラクティブ性を追求して，内部では共鳴をモデル化し効率的に問題を解いている。このあたりの詳しい説明は2章を参照していただきたい。このシステムを使ってデザインして3Dプリンタで出力すれば，オリジナルな形の楽器が完成する。「キラキラ星」を星型の楽器で演奏することも可能になるのである。

(a) システム上でデザイン　(b) 音響共鳴をシミュレーション

(c) デザインされた中空楽器

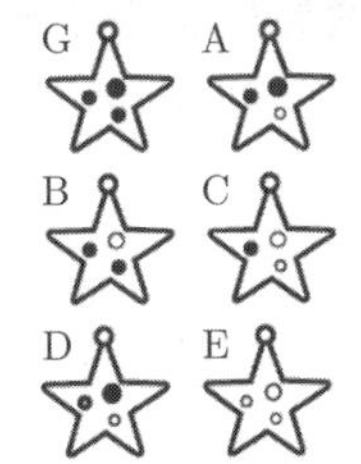

(d) 対応する指孔

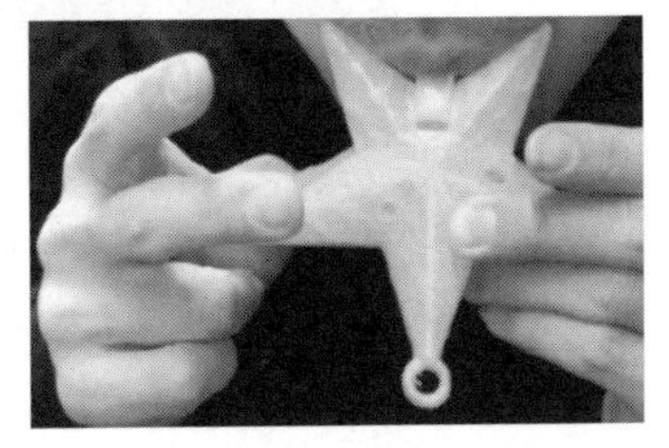

(e) 実際に出力したオリジナルの楽器

図 4.11 3Dプリンタを使って自由形状の管楽器をデザインするPrintone[7]〔提供：梅谷信行〕

4.4 レーザーカッター

レーザーカッターは，デジタルデータをもとにレーザー光を当てて木材やアクリル，革などを好きな形に切ることができるデジタル加工機である（図 **4.12**）。レーザー光の出力や照射密度，照射時間などを細かくコントロールすることで，さまざまな素材に対応することができ，切り落とすだけでなく，彫刻や焦がす加工もできるため，看板やグッズ製作などにも使われている。大型の機械であり，排気ダクトの設置なども大変なため，ファブラボなどの共有施設に設置されているものを，利用料を支払って使うことが一般的である。一方で，最近では卓上タイプの小さいサイズのものも発売されており，個人レベルで所有できるレーザー彫刻機も増えてきた。

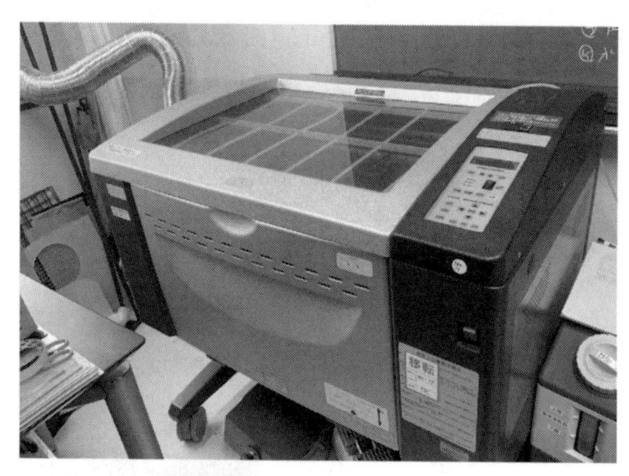

図 4.12　レーザーカッター

レーザーカッターを使って，図 **4.13** のように美術や工学の分野でよく見られる平面的な断面構造をデザインするためのシステム FlatFitFab[8] を紹介する。従来のこういった構造はデザイナーがデザインしており，経験や知識が必

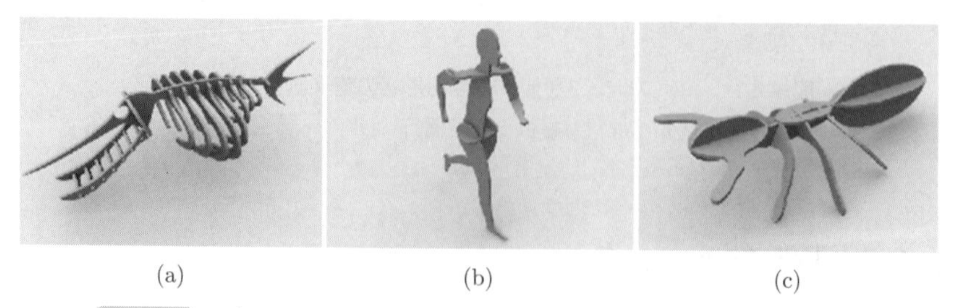

(a)　(b)　(c)

図 4.13　平面的な断面構造をデザインするためのシステム FlatFitFab[8]
〔提供：梅谷信行〕

要である。FlatFitFab では，ユーザーがストロークで描いた情報をもとに，平面とそれらを垂直に組み合わせるための型紙を自動で生成していくことができる。内部的には応力計算を物理的にシミュレーションすることで，構造が安定し，接続され，組み立てることができることを幾何学的に検証して，リアルタイムでユーザーにフィードバックをする。その後レーザーカッターを使って木版を切断して組み立てることができる。

3 次元の閉じた箱形状を利用しながら，初心者でもわかりやすく効率的にモデルを作成する kyub[9] を使えば，**図 4.14** のような構造物をデザインすることができる。デザインした形状は，レーザーカッターで加工するための 2 次元の板に自動で展開することができる。

図 4.14 シンプルなボクセルを組み合わせてデザインする kyub[9]
〔提供：Patrick Baudisch〕

kyub は FlatFitFab とは異なり，閉じた箱型の構造を持つため，4 mm 合板のような非常に薄い素材を，大きな力に耐えられる物体に加工することができる。このような頑丈な構造を実現するため，kyub は，まずシンプルな「ボクセル」(500 kg 以上の荷重に耐えられる構造であることが確認済み）から始まる。その後，ユーザーがボクセルを追加していくことで，モデルを拡張していく。ボクセルはたがいにはまり合い，より大きく，より強い構造物が出来上がる。ボクセルを積み重ねるというコンセプトにより，ボクセルベースエディタならではの使いやすさを実現しているが，グリッドに捉われずにさまざまな形状変形ツールとも容易に組み合わせながら形状をデザインしていくことができる。kyub を教育コンテンツとして使った創造的でデジタルとアナログをつなぐ学びも展開されている†。

また，レーザーカッターを利用して初心者のユーザーが簡単に椅子をデザインできるシステム SketchChair[10) も考案されている。通常，椅子のような家具のデザインは，3 次元的な形状デザインに関する知識や，椅子の構造・バランスについての知識などが必要であり，初心者がきちんと座れる椅子をデザインすることは困難であった。SketchChir は，専門的な知識を持った専門家に代わって，ユーザーのデザイン過程を支援するシステムで，これを利用することで，初心者でも手軽にオリジナルの椅子をデザインすることができる（**図 4.15**）。

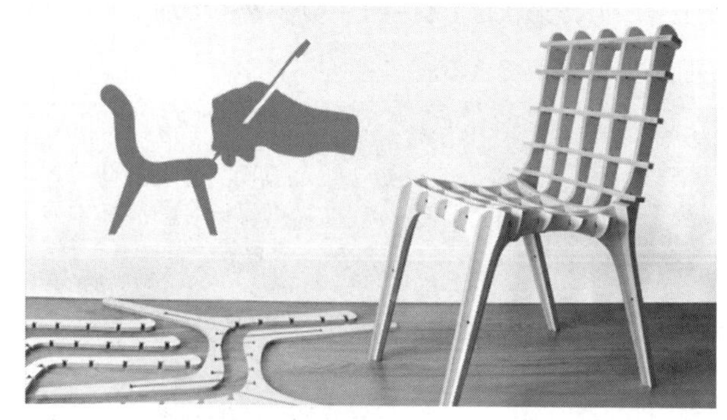

図 4.15　だれでも手軽に椅子をデザインできる SketchChair[10)
〔提供：五十嵐健夫〕

まずユーザーが画面にデザインしたい椅子の輪郭をスケッチすると，自動的に 3 次元の椅子が生成される。生成された椅子については，仮想的に人間を座らせることで座り心地やバランスを試すことができる（**図 4.16**）。また，自動的に平面の板の型からなる設計図が生成され，その設計図にしたがってレーザーカッターにより板を切断して組み立てることで，実物の椅子を製作することができる。

† https://www.youtube.com/watch?v=IgtUjycP5hY
kyub を利用した学びの様子（YouTube の字幕機能を ON にしてご視聴ください。）

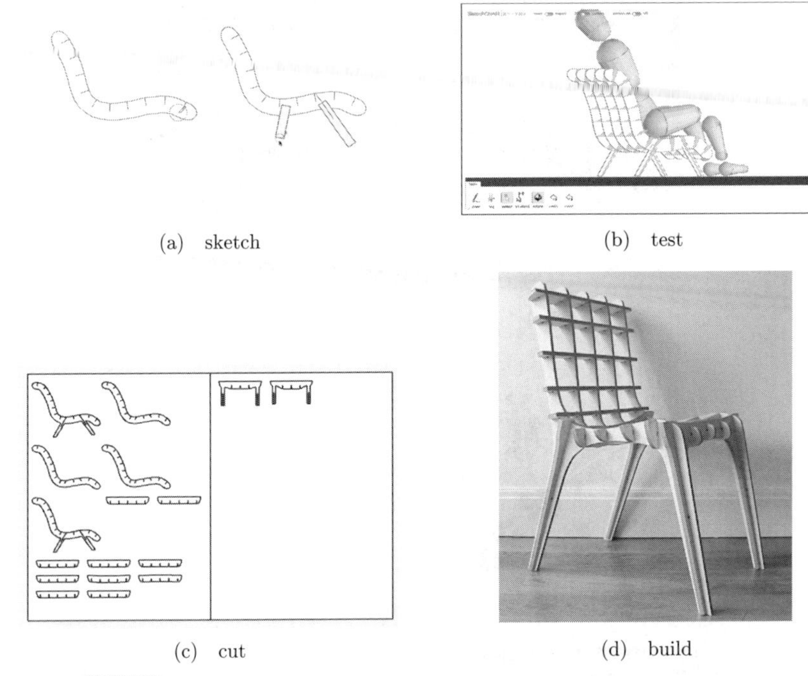

(a) sketch (b) test

(c) cut (d) build

図 4.16 ユーザーが椅子の輪郭をスケッチすると，椅子の形状が生成され，バランスなどをテストすることが可能〔提供：五十嵐健夫〕

4.5 カッティングプロッタ

コンピュータでデザインした線を紙で裁断するだけであれば，レーザーカッターを使わなくてもカッティングプロッタで十分である。業務用の大型サイズのものだけでなく，一般ユーザー向けの小型カッティングプロッタも低価格で販売されている（図 **4.17**）。

だれでもオリジナルなステンシルシートをデザインできるシステム Holly（ホリー）[11] では，図 **4.18** のようにユーザーがデザインした図柄からシステムが自動的に 1 枚につながったステンシルシートを生成する。それをカッティングプロッタで出力することで，手軽にオリジナルなステンシルシートを手に入れ

図 4.17　カッティングプロッタ

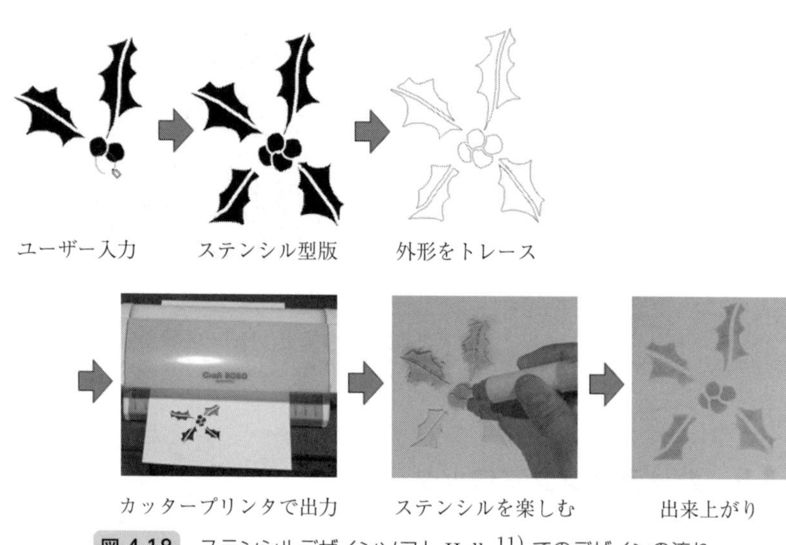

図 4.18　ステンシルデザインソフト Holly[11] でのデザインの流れ

ることができる。

ステンシルとは文字や絵柄の部分に穴が開いているシートを使って，穴の部分にインクやスプレーを使って色をつけ，シートを取ると下に絵ができているといった技法のことである。このステンシルシートは1枚につながったシートである必要があり，これを満たすようなデザインを初心者が行うのは難しく，ステンシルシートを買ってきて転写するのが一般的だ。

Holly では，ユーザーの入力した線をもとに自動的に1枚につながった制約のステンシルシートを生成していく。紙と見立てた白い領域と，穴と見立てた黒い領域の 2 種類の領域に分け，システムでデザインをしていく。黒い領域は穴の開いた領域なので，あとからインクや塗料を乗せることができる部分である。一方，白い領域は，すべてがつながっているという制約が必要である。この制約をシステムが自動的に満たすような図にしてくれるため，ユーザーは気にすることなくデザインしていくことができる。

ユーザーはブラシツール（**図 4.19**）か塗りツール（**図 4.20**）を選択できる。ブラシツールの場合には，ユーザーの入力したストロークをそのまま黒い領域としてステンシルシートを生成する。塗りツールの場合には，システムは入力ストロークの始点と終点をつなげ，ストロークの内部の領域すべてを黒い領域としてステンシルシートを生成する。ユーザーはブラシツールと塗りツールを自由に使いながらステンシルの図柄をデザインしていく。

コンピュータを使えば，自動で「すべての領域がつながった絵になっている

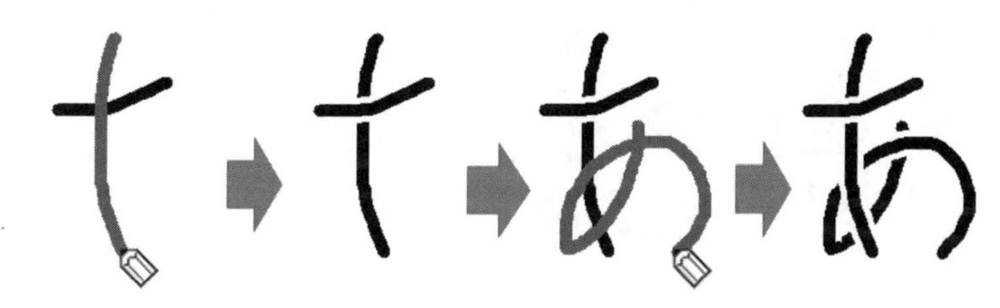

図 4.19　ブラシツールを用いてデザインした例

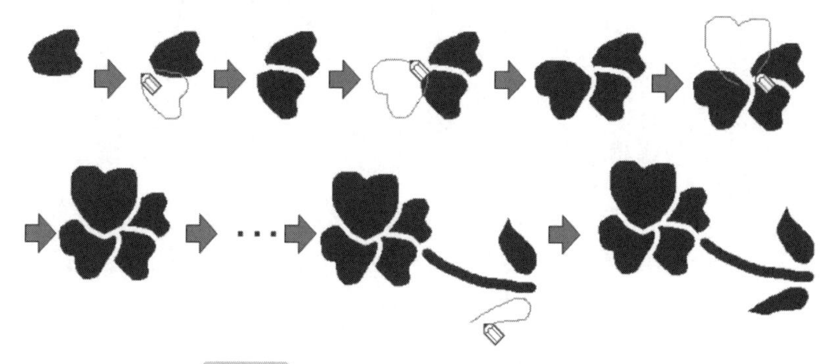

図 4.20　塗りツールを用いてデザインした例

かどうか」を判定することができる。ユーザーがオリジナルなイラストや文字をシステムで描いている間に,「1枚につながったステンシルシート」という制約をコンピュータに解かせることで,「必ず1枚につながったデザイン画」を出力できることがこの Holly システムの魅力である。コンピュータに制約を解かせることで,「ここをつなげなくてはいけないのかな?」「こんなデザインしてはいけないのかな?」といったことを考える必要がなくなり,ユーザーは自由なデザインをしていけばよい。

満足のいったデザインができたら,**図 4.21** (a) から図 (b) のように黒と白の境目をトレースした線を抽出して,その線をカッティングプロッタで切り出すことでステンシルシートを自動で生成できる(図 (c))。これの上からインクをのせることで,オリジナルなステンシルを楽しむことができるのである(図 (d))。

(a) ステンシルデザインエディタ　　(b) カッティングプロッタ用出力線

(c) カッティングプロッタで出力したステンシルシート

(d) ステンシル

図 4.21 Holly システムを使ってデザインした図柄

カッティングプロッタを使えば，型紙を切り出すことも簡単だ。身近な素材である紙を使ったものづくりとしては，折り紙やペーパークラフトなどが思い浮かぶだろう。3D モデルを入力としてペーパークラフトモデルをつくるための可展面の集合に自動分割する技術[12)]が提案されている。

コンピュータグラフィックス（computer graphics：CG）とインタラクティブ技術（interactive techniques）に関する世界最大の国際会議 SIGGRAPH で，このペーパークラフトの論文が発表されたのは 2004 年のことである。それまでは CG の論文というとコンピュータを用いて画像を生成したり，3 次元モデリングを行ったりと，画面の中で結果までが収まっていた。

図 4.22 は CG 分野で有名なスタンフォードバニー（Stanford Bunny）モデルとそのペーパークラフトである。このように，コンピュータで計算した結果として，実世界につくられたペーパークラフト作品の写真が掲載されたこの論文は，ファブリケーションに関する論文の先駆けとなった。

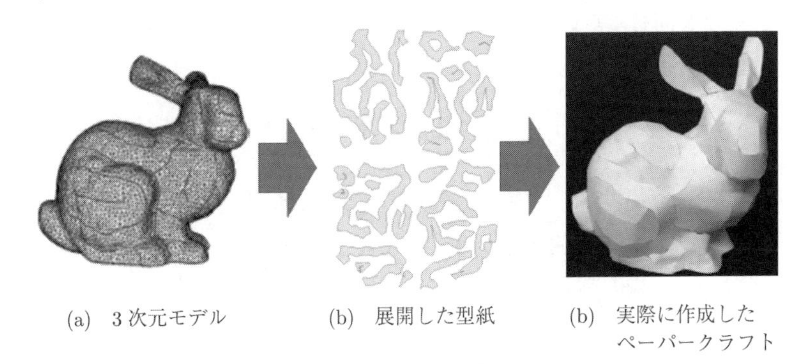

(a) 3 次元モデル　(b) 展開した型紙　(b) 実際に作成したペーパークラフト

図 4.22 3D モデルを入力として可展面の集合に自動分割する手法の提案[12)]〔提供：三谷純〕

3D モデルはとても細かい三角形の集合でできている。それぞれの三角形を紙で貼り合わせていけばペーパークラフトをつくることもできると考える人もいるだろう。しかし，**図 4.23** くらいの 3D モデルにしたとしても，2 000 個もの三角形からできており，そのまま貼り合わせる気にはならない。3D モデルを構成する三角形の数を削減することを**簡略化**（simplification）という。しか

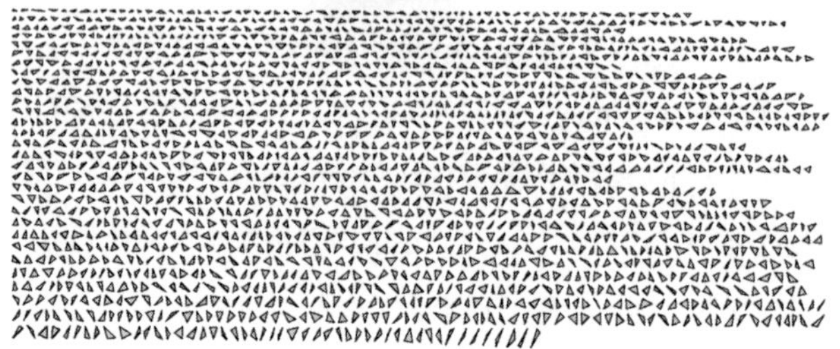

図 4.23　2 000 個の三角形の集合からできたスタンフォードバニーモデル

し，三角形の数を少なくすればするほど，3D モデルで表現できる形状はもとの形状からは遠くなってしまう。例えば，**図 4.24** は，図 4.22 のペーパークラフトのパーツと同じくらいの面の数にしたものであるが，これではスタンフォードバニーであることはわからない。

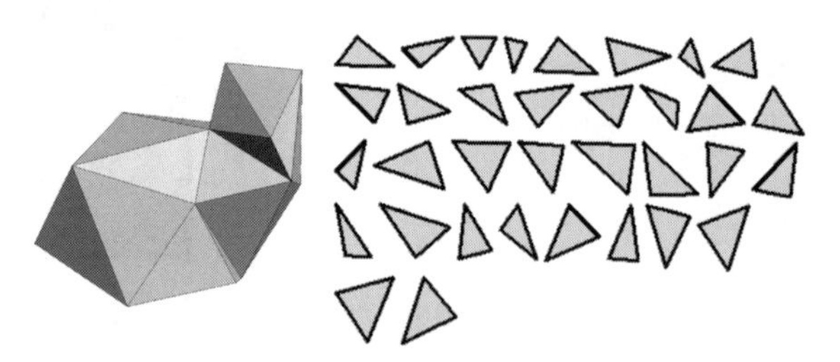

図 4.24　面の数 34 個に簡略化したスタンフォードバニー

三谷らは 3 次元形状の表面が展開可能な面の集合になるように，それぞれの三角形をストリップと呼ばれる帯として表現して，自動で領域分割する手法を提案した。それぞれの領域は**可展面**（developable surface）と呼ばれる，展開したときに歪みがないような領域に近似されている。それぞれの領域を平面展開した結果を型紙として使うことで，ペーパークラフトをつくることができるのである。

この技術を利用した，3D モデルから展開図をつくることができるソフトウェア，ペパクラデザイナー[13] も販売されている。メタセコイア[†]などの 3 次元モデリングソフトを使って自作したモデルに対して，手軽にのりしろ付きの展開図を作成することができる。型紙をカッティングプロッタで出力することで手軽にペーパークラフトを楽しむことができる。

4.6 切削加工機（ミリングマシン）

切削加工機（ミリングマシン）は，木材やブロック材などの材料からさまざまな工具を使って削り出して所望する 3 次元形状をつくり出す機材である（**図 4.25**）。

図 4.25 削り出して形状をつくる切削加工機〔提供：Maria Larsson〕

3D プリンタは積層式で下から順に積み上げていくが，切削加工機ではそれとは異なり，もともとの物体を削っていくことで加工する（**図 4.26**）。強度が必要な場合や形状の精度が必要な場合，なめらかな曲面でつくる必要がある場合などには切削加工機での加工が向いている。自宅にも手軽に置けるデスクトップサイズの切削加工機も発売されている。

---

† https://www.metaseq.net/jp/

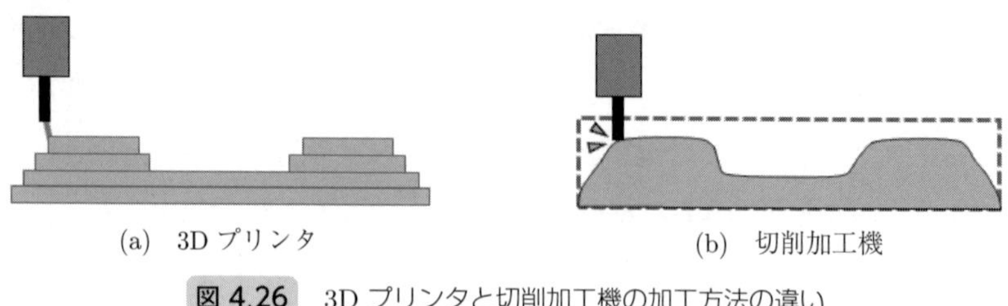

(a) 3D プリンタ (b) 切削加工機

図 4.26 3D プリンタと切削加工機の加工方法の違い

ミリングマシンを利用した研究に，新たな木材の接合部（継手・仕口）を設計および製作するためのインタラクティブシステム Tsugite（ツギテ）[14] がある（図 **4.27**）。釘を使わない接合部である木工継手・仕口を新たに設計して製作することは，熟練者でないユーザーにとって困難で時間が掛かる作業である。Tsugite は，切削加工機による加工と，システムによるインタラクティブな形状モデリングを組み合わせることによって，カスタムデザインの木工継手・仕口の設計と製作を支援するものである。

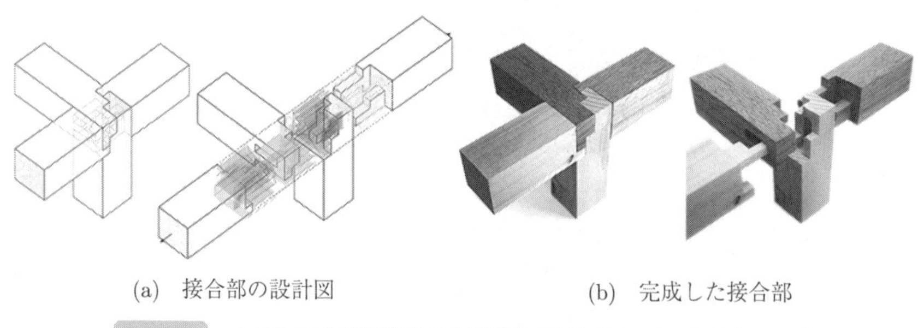

(a) 接合部の設計図 (b) 完成した接合部

図 4.27 木材の接合部を設計および製作するためのインタラクティブシステム Tsugite[14]〔提供：Maria Larsson〕

Tsugite には，マニュアル編集モードと，ギャラリーモードの二つのモードがある。マニュアルモードでは，リアルタイムに更新される接合部の性能に関する解析結果やシステムからの提案を見ながら，ユーザーが手作業で接合部の形状を編集することができる。この際，組立て可能性，加工可能性，強度などを考慮してデザインしていくことができる。ギャラリーモードでは，あらかじめ計算済みの接合部形状が多数画面に提示され，ユーザーはその中から好みのものを選択する。接合部の設計が完成したら，角を丸めるなどの処理をして，3軸 CNC フライス盤で製造する。

4.7 刺繍ミシン

ミシンもコンピュータとつなげることができるファブリケーションツールである。ミシンに内蔵の刺繍データを利用して布に刺繍していくほか，デザイナーがデザインした刺繍データも販売されている。また，ユーザーがコンピュータで描いた図を刺繍ミシン用データに変換するソフトウェア（例：Brother の「刺繍 PRO」[15] など）を使い，ユーザーが自由に描いた図を刺繍用のデータとして SD カードに記録してミシンに挿入することで，自分のデザインした刺繍をすることができる（図 **4.28**）。

図 4.28　コンピュータでデザインした絵を刺繍データに変換し，作成できる刺繍ミシン

ユーザーはどの部分を何色で刺繍するか，刺繍の糸の向きはどの方向かなどをシステムに入力していくことでデザインしていく。デザインが完成したら，ミシンにデータを移し，ミシンで 1 色ずつ糸を変更しながら縫っていく。ユーザーはスタートボタンを押せば，あとはその色の刺繍が終わるまで見ているだけでよい（図 **4.29**）。

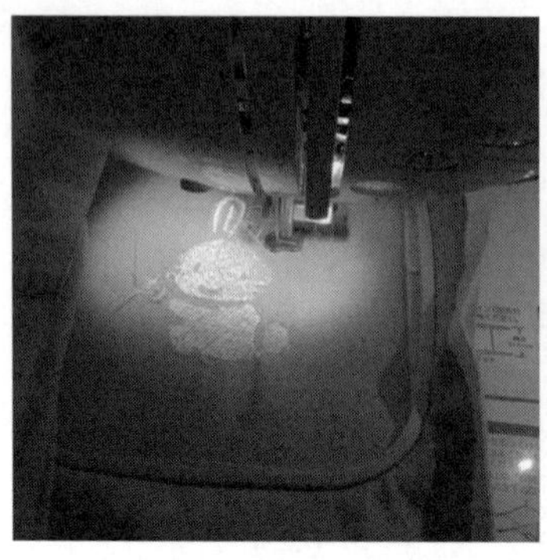

(a) 刺繍ミシンで縫う様子

(b) 仕上がった刺繍

図 4.29　自作のイラストから刺繍ミシンで仕上げた様子

既製品への名入れ刺繍やロゴ刺繍など，刺繍を付加してくれるサービスも増えている。ファブラボなどの施設でも刺繍ミシンが置いてあるところも増えている。

4.8 編　み　機

本節では，毛糸などの糸を使って布を編む「編み機」を紹介する。図 **4.30** (a) のようなハンドルを持ってキャリジを左右に動かすだけでさまざまな編みものができる編み機（例：ドレスイン（DLLES IN）カンタン編み機「あみむめも」

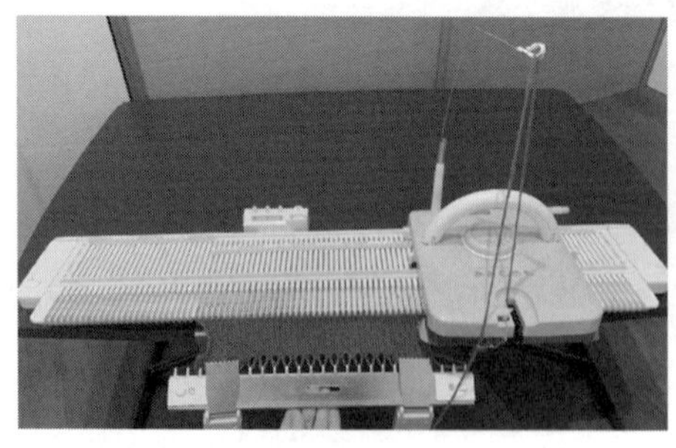

(a) キャリジを左右に動かして編む編み機

(b) 横糸棒をくぐらせる機織り機

図 4.30　家庭用で使える編み機，織り機

GK-370）や，図（b）のように，横糸棒をくぐらせながら機織りをしていくタイプ（例：アーテック ArTec 037020 はたおりき）などが家庭で手軽にできるサイズと値段で販売されている。生活の中で目を向けてみると，**図 4.31** のように織物はいろいろなところで使われることがわかる。

図 4.31　いろいろなところで使われている織物

カードを使った織物である「カード織り」はとても単純で簡単な織り手法で，色のついた織り糸と穴の開いた四角いカード状の板があればほかには何も必要ないため，初心者でも手軽に行えるものである。一方，織り柄テキスタイルをデザインすることは手作業であり大変である。テキスタイルを決定する要素には，それぞれの縦糸の色や本数，カードの穴に通す際の縦糸の通す向き，それぞれのカードを回転させる方向と回転させる回数，などがある。インタラクティブにオリジナルなテキスタイルデザインを行えるシステム Weavy（ウェービィ）[16] では，上記のようなデザイン決定要素をユーザーがインタラクティブに編集できるエディタを提供し設計を支援している（図 **4.32**）。同じデザインでもカードを回転する向きによって，できる柄は異なる（図 **4.33**）。

織った部分の 1 目 1 目は，矩形ではなく，ひし形をしている（図 **4.34**）。カードの穴に対して表側から縦糸を通したか，裏側から縦糸を通したかによって，ひし形の傾きが反転する。これをそのカードの列の下に傾きを示す矢印を記載

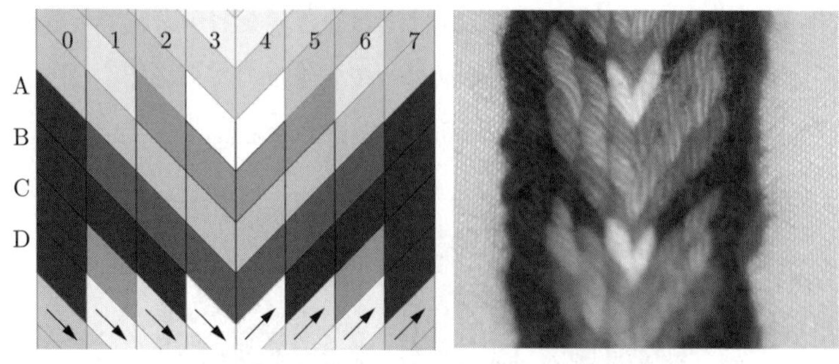

(a) システムでのデザイン　(b) 実際に織った様子

図 4.32　カード織りデザイン支援システム Weavy[16]（口絵 17）

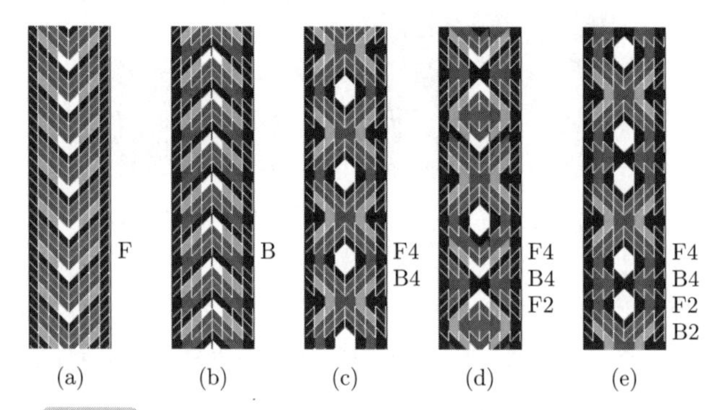

(a)　(b)　(c)　(d)　(e)

図 4.33　カードを回転する方向によって図柄が異なることをあらかじめシステムで確認可能（口絵 18）

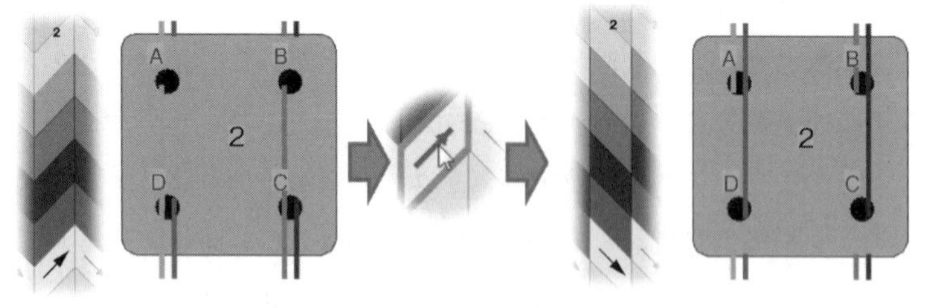

(a) 下から上へ通す　(b) 矢印をクリック　(c) 上から下へ通す

図 4.34　各縦糸のセルのひし形の向きはカードの表側から通すか，裏側から通すかによって決定（口絵 19）

することで表現する。カードを回転させるため，同一カードの穴にはすべて同じ方向で縦糸を通さなければいけない，という制約がある。ユーザーは矢印をクリックすることでデザインのひし形の傾きが変更される。これにより，初心者のユーザーが織りという糸と糸の交差を含む難しい構造の仕組みを理解しなくても，直観的なツールによってデザインをすることができる。

図 4.35 のようにビーズを対象とした織り機もある。等間隔に縦糸を張って，その間を上下に横糸にビーズを通しながら編んでいくものである。図柄のデザインはドット絵のデザインであり，初心者にでも試行錯誤できそうに思えるが，製作時にこのように下から順に編んでいくような製作物は，途中で間違えたときにほどくのが大変であり，ときには間違えたまま進めてしまったり，途中で製作をあきらめてしまったりする。

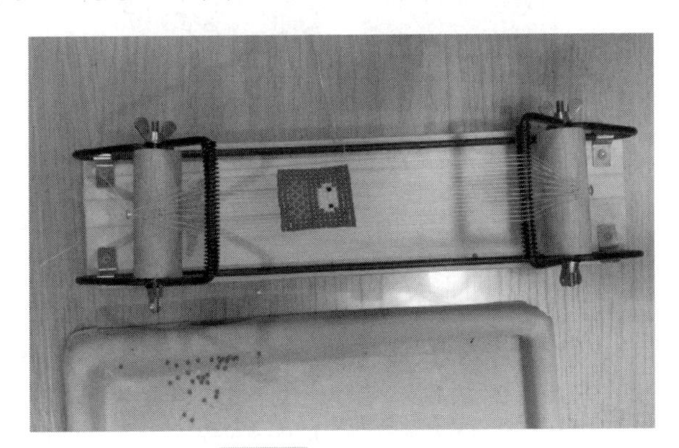

図 4.35　ビーズ織り機

ユーザーが途中で間違えてしまったときに，そのミスをシステムに入力することで，まだつくっていない部分の柄を設計し直してくれる研究[17)]もある。**図 4.36** に例を示す。図（a）のオリジナルデザインでつくり始めていても，製作途中で，だるまのお腹の柄が右にずれてしまった（図（b））ことに気づいたとき，その段から上をもとのデザインで製作した様子が図（c）であるが，この研究は，図（d）のようにまだつくっていない部分をシステムが自動修正した結果を提示してくれるものである。ユーザーが満足すれば，更新されたデザインを

(a) オリジナルデザイン

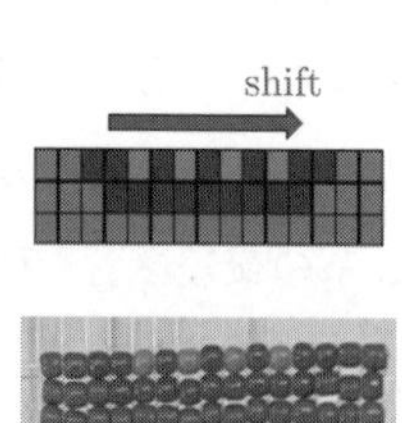

(b) つくっている最中に右に柄がずれてしまった

(c) その段から上をもとのデザインで製作した様子

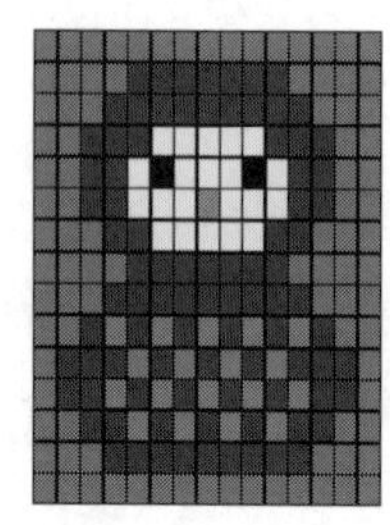

(d) まだつくっていない部分をシステムが自動修正した結果

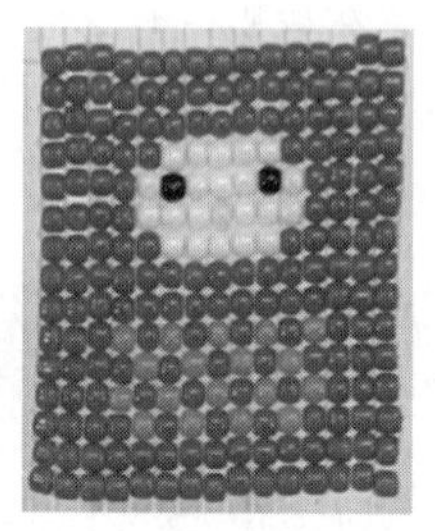

(e) システムの提案通りにつくり進めた作品

図 4.36　ピクセルアートタイプの手芸設計に対して，下から製作中に間違えてしまったときに，まだつくっていない部分を修正する研究[17]（口絵 20）

使ってつくり進めればよく，満足する結果がシステムの複数候補の提示の中になければ，ほどいてつくり直せばよい。

従来，製作はデザインが固まってからしかできなかったが，ちょっとしたミスであれば，手慣れた人は頭の中で自分で修正してしまっていた。初心者に対してこれを支援することで，だれでもデザインと製作過程の行き来を可能にする技術である（図 **4.37**）。

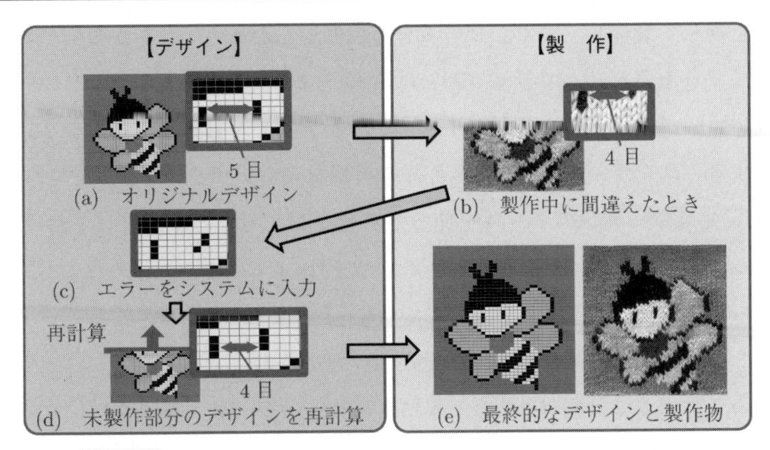

図 4.37　デザインと製作過程の行き来を可能にする技術（口絵 21）

4.9 ヒューマンハンド

ここまで多くのファブリケーションツールとそれにまつわる技術を紹介してきたが，何といっても，忘れてはならないのは人間の手である。何もないところから生み出すことができる，手作業のよさを再認識したい。

図 4.38 のような立体ビーズは，ビーズとワイヤーの複雑な構造で決まるので，初心者がデザインをするのはとても難しい。ビーズは個々のバラバラのものを 1 次元につなげていく作業である。ビーズは穴が開いていて，そこへワイ

図 4.38　立体ビーズ作品

ヤーを通して製作していく。ビーズを複数個通したあと，左右から同じビーズにワイヤーを差し込んでぎゅっとしばると一つの面が出来上がる。

立体ビーズ作品を初心者がデザインできるシステム Beady（ビーディ）[18] を紹介する。ユーザーはまずビーズ作品の構造を表すデザインモデルを製作する。Beady では単一種類のビーズを使ってデザインすることを仮定しており，3D モデルの辺をビーズに対応させている。つまり，「すべて 4 mm のソロバン型アクリルビーズ」を使うことを想定しており，「すべての辺の長さが等しいモデリング」をすればビーズ作品ができ上がる，というわけである。

このシステムでは**図 4.39** のようにユーザーはジェスチャーを用いて構造をデザインしていくことができるようなインタフェースを考案している。システム内部ではユーザーのモデリング中につねに近傍のビーズやテグスとの物理制約を考慮して計算しており，3D モデルの頂点はこのシミュレーションによって自動的に決定している。

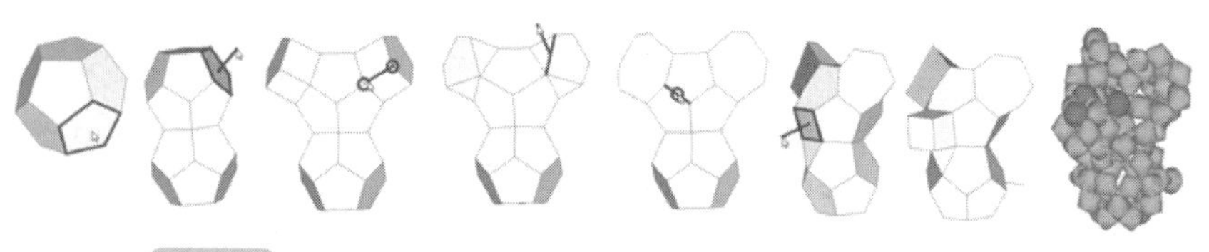

図 4.39　ジェスチャーインタフェースを用いて構造をデザインすると，オリジナルなビーズ作品をデザインできるシステム Beady

また，実際のビーズ作品を製作するために，Beady では**図 4.40** のような 1 ステップごとに製作手順を見せる製作手順ガイドをユーザーに提示する。従来の書籍などでは 2 次元の作成図が使われているが，ユーザーが実際のビーズと 2

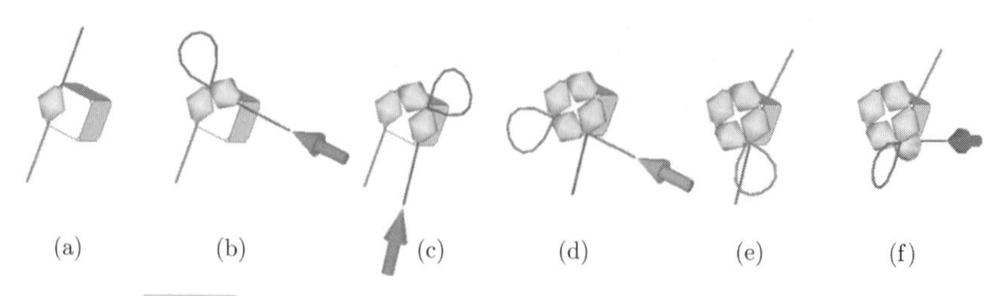

図 4.40　実際に製作するための 3DCG による製作支援（口絵 22）

次元上のビーズの対応関係を追わなければならないため，これは煩雑で難しく実際に完成させるのは大変である。Beady の製作手順ガイドは 3DCG の長所を生かしたもので，これを使うことで製作手順を理解することが簡単になる。実際につくるのは人間の手。1 本のワイヤーにビーズを一つひとつ通してつくり上げていく。

デザインし終わった 3D モデルから適切なワイヤー経路を自動計算し，図 4.40 のようにワイヤー経路を 3DCG を用いて 1 ステップずつ表示することができる。ユーザーはそれぞれのステップを任意の方向から見ることができるので，理解しやすくなり，表示されている立体は手元でつくっている実際のビーズと対応が取れるのでつくりやすくなる。ユーザーは "next" ボタンを押すと次のステップに進み，"prev" ボタンを押すことで一つ前のステップに戻る。

製作手順ガイドは長いワイヤーの中央にビーズを通すところから始まる（図 (a)）。

従来の表示と同じように片方のワイヤーの端が青でもう一方の端を赤で表示してあり，システムは最初に必要なワイヤーの長さを計算してユーザーに提示する。青か赤のワイヤーに新しいビーズか，すでに使われているビーズを通すことを繰り返していく。

ループはそのステップで使われているほうのワイヤーを示している（図 (b)～(f)）。矢印は新しいビーズを追加することを示している（図 (b)，(c)，(d)，(f)）。その他はすでにビーズ作品に使われているビーズをワイヤーで通す（図 (e)）。

Beady を使うことで，ビーズ製作の経験がない初心者でも，**図 4.41** のようなオリジナルな立体ビーズ作品をデザインして実際につくり上げることができる。ビーズのほかにも同一な長さのプリミティブをつなげて作成する作品にも応用することができる。**図 4.42** はストローアートの例だが，コルクをつなげたり，単一の長さの木材をつなげたりして作品をつくることもできる。

次に紹介するのは立体万華鏡のためのデザインシステム RePoKaScope（レポカスコープ）[19] である。立体万華鏡とは，立体を形成する面が鏡面であり，

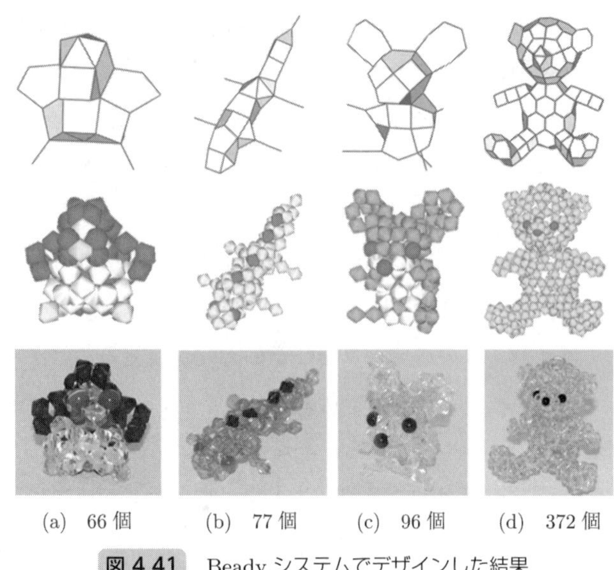

図 4.41　Beady システムでデザインした結果（ビーズの個数別）（口絵 23）

単一の長さのものであれば，Beady でデザインできる。

図 4.42　ストローアートの例

模様が 3 次元空間に広がるタイプの万華鏡である。つくり方を図 **4.43** に示すが，鏡面に模様をデザインする際，鏡面反射を繰り返して表示される 3 次元空間の模様を想像することは困難である。また，鏡面を削って製作を行うため，納得のいくデザインを完成させるまでに試作品を何度も製作する必要があった。RePoKaScope は正多面体から成る立体万華鏡の模様のデザインを支援するシステムであり，ユーザーが描いた図柄をもとに，3 次元空間に映し出される模

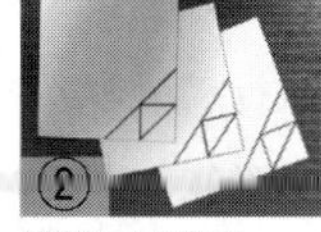
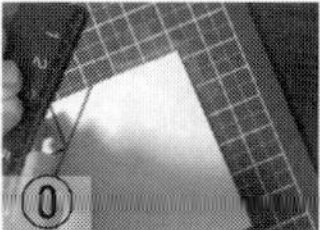
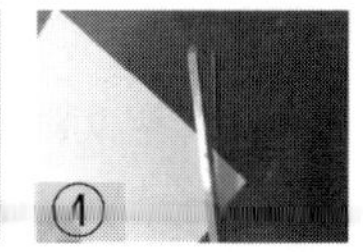

ミラー板を面の数だけカット　模様の下書き　下書き部分を削る　角をカット(覗き穴)

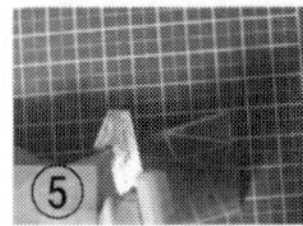
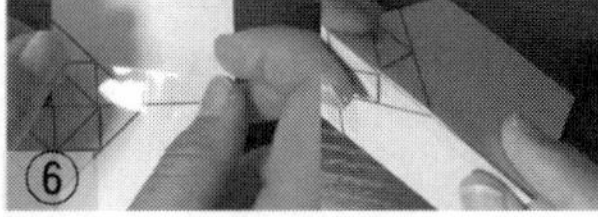

面のバリ取り　模様のある面を貼り合わせる　覗き穴を含む面を貼り合わせる

余った辺を貼り合わせる　保護シートをはがす　⑧を組み合わせて完成

図 4.43　立体万華鏡のつくり方

様をシステム内でシミュレートすることで，試行錯誤をシステム内で完結し，ユーザーが満足するデザインができてから立体万華鏡を製作することを可能にした。

システム内で試行錯誤をしたあと，満足できたデザインを実際に紙に印刷して，カーボン紙を利用してミラー板に写し，その線をカッターで削っていく（図 **4.44**）。全自動でカッティングプロッタなどを使って削るのではなく，製作の

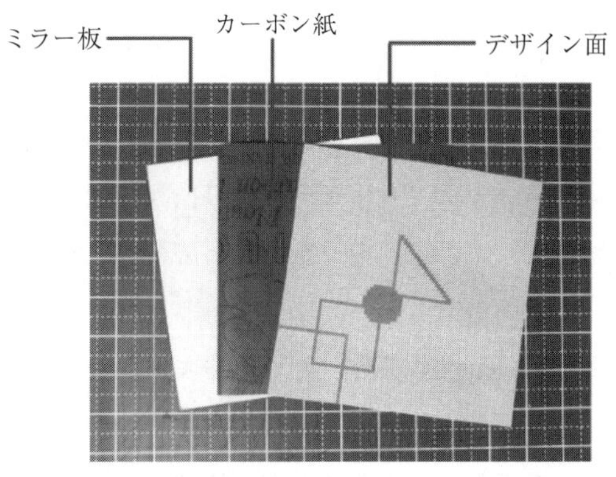

図 4.44　印刷したデザイン画をカーボン紙を利用してミラー板に写し取り切削

楽しさはユーザーが手作業で味わい，コンピュータに任されているのは削ってしまうとやり直しが効かず大変な試行錯誤の過程だけ，という設計になっている。システムの鏡面反射の描画には計算コストが掛かるため，すばやい表示ができるが簡易計算をしている「はやい」モードと，鏡面反射回数を増やしより詳細に計算しているが，少し描画に時間の掛かる「きれい」モードの二つが用意されている。

図 4.45 は小学生が実際にオリジナルデザインの立体万華鏡を作成した様子である。

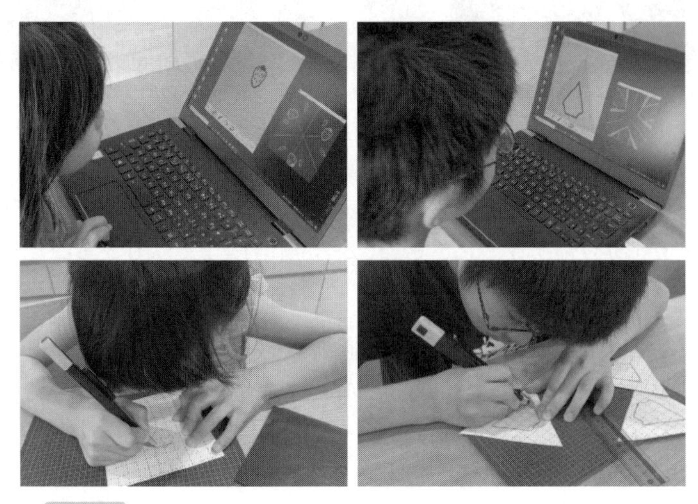

図 4.45　小学生がオリジナルデザインの立体万華鏡を製作する様子

図 4.46 に製作したデザインを紹介する。左から順に，エディタでのオリジナルペイント（a-1, b-1），「はやい」モードでの描画（a-2, b-2），「きれい」モードでの描画（a-3, b-3），実際にミラー板を削って製作した立体万華鏡の内部の写真（a-4, b-4），である。

ネックレスのような装飾品の手作りパーツやキットなども多く販売されており，個人で手作りを楽しむ人も多い。しかし，ここでいう「手作り」とはキットや書籍のデザインを真似てつくることが主流であり，オリジナルデザインを一から考えてつくることはまだそこまで普及していない。

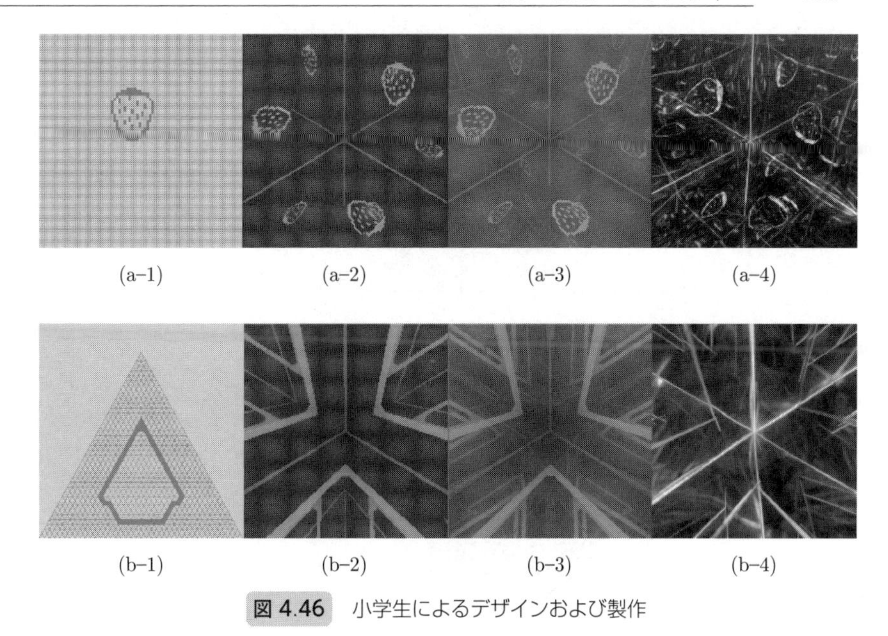

(a-1) (a-2) (a-3) (a-4)

(b-1) (b-2) (b-3) (b-4)

図 4.46 小学生によるデザインおよび製作

ネックレスデザイン支援システム[20]はコットンパールでつくるネックレスを対象として，初心者が対話的にオリジナルデザインを考えることができるものである（**図 4.47**）。

システムには二つのツールがある。一つ目は対話的にデザインをしていくデザイン支援ツールである（図（a））。画面上でパーツを並べて出来上がりを試行錯誤することができる。もう一つは対話型進化計算を利用したデザイン選定ツールである（図（b））。デザイン支援ツールによってすでにデザインされた多くのデザイン画像の中から，より自分が欲しているデザインをシステムに提案してもらうために，対話型進化計算を利用している。併せてネックレスで使用したビーズと同種のものを用いたイヤリングの提案もされる（図（c））。欲しいデザインが完了したら，web カメラで自分の画像を撮影した上にデザインしたネックレスを置いてみる装着シミュレーション機能を使用し，実際につくる前に自分に似合うか確認することが可能である（図（d））。シミュレーション結果はリアルタイムで描画することを最優先に**重畳表示**（重ね合わせた表示）を使

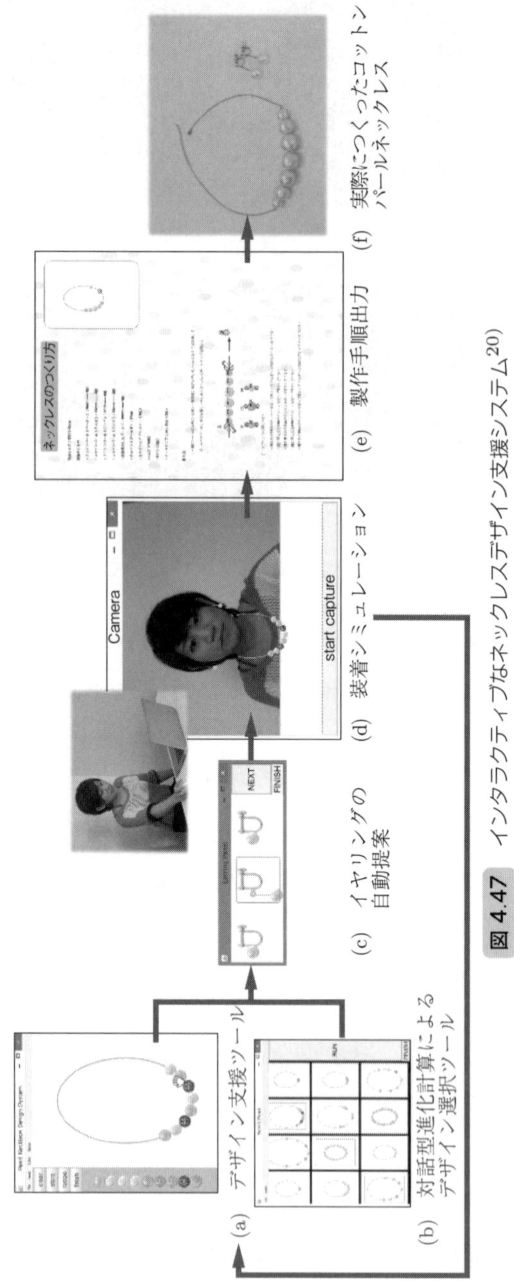

図 4.47　インタラクティブなネックレスデザイン支援システム[20]

用している。これにより，ネックレスの長さによる印象やパールの大きさ，配置の雰囲気は十分に把握できる。最終的に選んだデザインをつくるための製作手順出力も行い，それを見ながら実際に製作を行うことができる（図(e)，(f)）。

実際に製作したいデザインが決まったら，**図 4.48** のような製作手順書を印刷することができる。デザインに使ったパーツのほか，かしめ玉の個数やチェーンの長さ，テグスの長さ，といった通常ネックレスを作成するためのつくり方説明書で，製作キットを購入したときに付属されているようなものである。

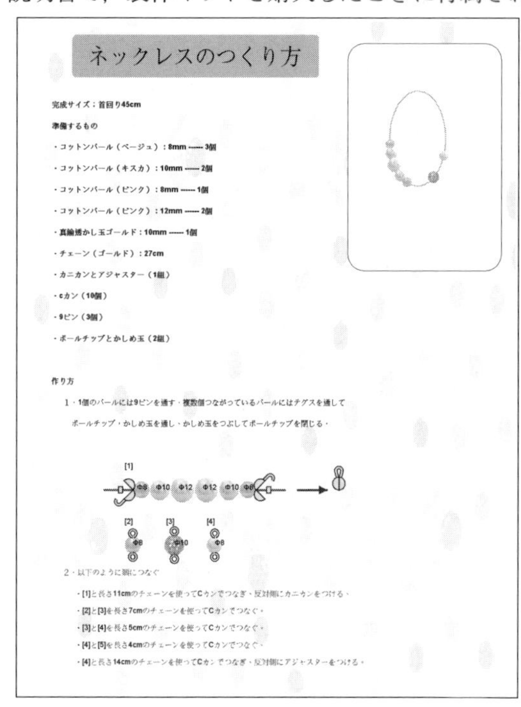

ネックレスのつくり方

完成サイズ：首回り45cm

準備するもの

・コットンパール（ベージュ）：8mm ------ 3個
・コットンパール（キスカ）：10mm ------ 2個
・コットンパール（ピンク）：8mm ------ 1個
・コットンパール（ピンク）：12mm ------ 2個
・真鍮透かし玉ゴールド：10mm ------ 1個
・チェーン（ゴールド）：27cm
・カニカンとアジャスター（1組）
・cカン（10個）
・9ピン（3個）
・ボールチップとかしめ玉（2組）

作り方

1・1個のパールには9ピンを通す・複数個つながっているパールにはテグスを通してボールチップ・かしめ玉を通し・かしめ玉をつぶしてボールチップを閉じる・

2・以下のように順につなぐ

・[1]と長さ11cmのチェーンを使ってCカンでつなぎ・反対側にカニカンをつける・
・[2]と[3]を長さ7cmのチェーンを使ってCカンでつなぐ・
・[3]と[4]を長さ5cmのチェーンを使ってCカンでつなぐ・
・[4]と[5]を長さ4cmのチェーンを使ってCカンでつなぐ・
・[4]と長さ14cmのチェーンを使ってCカンでつなぎ・反対側にアジャスターをつける・

図 4.48　デザインが完成したあとに出力される製作手順書

ネックレスに並んだパールを端から順に隣とスナップしているかどうかを判別してグループ化し，パール同士もしくはパールと透かし玉がスナップしている場合はテグスでつなぎ，両端はかしめ玉とボールチップで閉じる。スナップしていない場合には，9 ピンを通し，平やっとこを用いて曲げる指示が出力される（**図 4.49**）。その後，それぞれを適切な長さのチェーンで C カンを用いてつないでいく。

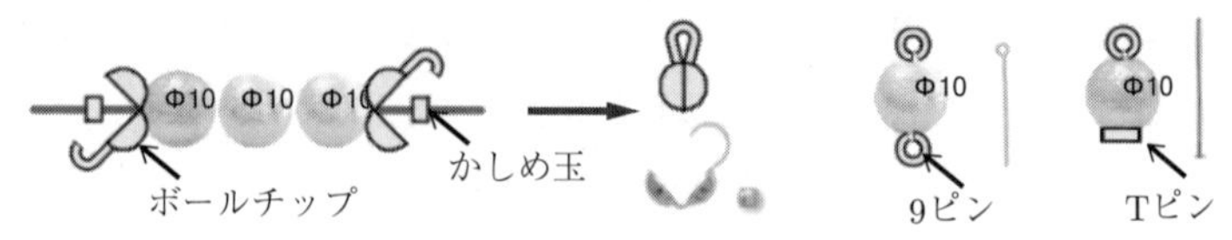

図 4.49　パーツのつなぎ方

図 4.50 のように実寸大による表示の出力も便利である。実寸大のシート表示の上にパールをのせて選び製作していくことで，チェーンも長さを合わせて切ればよく，ネックレスチェーンの長さを測る必要がなくなり，どのパールが何 mm であるかを測る必要もなくなる。これと製作手順書の 2 枚の出力結果を使うことで，より手軽に製作することができる。

図 4.50　製作支援による実寸大表示

コラム：自分でデザインしてみたいものを身の回りで探してみよう

3D プリンタはとても安価になり，1 万円程度の低価格から購入することができるようになった。日本国内でもシェアが大きい XYZ プリンティングジャパンの小さいタイプ，ダヴィンチ nano[†1] も 3 万円を切っている（2022 年 7 月現在）。人気の家庭用ゲーム機 Nintendo Switch[†2] よりも安く手に入るような時代が来たのである。

小さい 3D プリンタは小さいものしか出力できない。上記で例に挙げた，ダ

---

†1　https://www.xyzprinting.com/ja-JP/product/da-vinci-nano-w
†2　https://www.nintendo.co.jp/hardware/switch/

ヴィンチ nano は 12 × 12 × 12 cm の立体が最大出力サイズである（**図 1**）。だが，家庭内で使うには十分実力を発揮するサイズである。ぜひ，身の回りを見渡してみて欲しい。最近壊れたパーツはないだろうか。なくて不便なものはないだろうか。ここにこんなものがあったら便利なのに…。そんなアイデアを手軽にカタチにできるのが 3D プリンタである。

図 1　ダヴィンチ nano （XYZ プリンティング）

●例 1：お弁当箱の仕切り

例えば，お弁当箱の仕切り。息子用に 2 段のお弁当箱を使っているが，片方にしか仕切りが入っていなかったため，少し不便を感じていた。ほかのお弁当箱の仕切りを使おうにも高さが高いと蓋がしまらないし，幅が短いとくるくる回転してしまう。そこで，3D プリンタの出番である。

3D プリンタで印刷するためには，3D モデルを設計しないといけない。モデリングソフトはいろいろとあるが，初心者には AUTODESK の Tinkercad† というソフトをまずはおすすめしたい。**図 2**（b）のように，ソフトウェアに用意されているプリミティブと呼ばれる基本立体（直方体，球，円錐など）を組み合わせて，図形の足し算・引き算をするようにモデリングしていくことができる。これを **CSG**（constructive solid geometry）という。和集合，差集合，共通部分（積）といった集合論的なブーリアン演算を使ったモデリングで，初心者にも直感的にデザインができる。例えば，図 2 のお弁当箱は，二つの異なる直方体の足し算（和集合）でできるため，小学生でも簡単にデザインできる。実際，お弁当箱の仕切りを小学生の息子が自分でデザインして喜んでいた。

† https://www.tinkercad.com/

(a) お弁当の仕切りを 3D プリンタで出力　(b) モデリングの様子

図 2　お弁当箱の仕切りを追加作成

●例 2：トングのためのリング

ほかにも図 **3** のように，しまうときに台所で場所をとってしまっていたトングも，直方体から直方体を引き算（差集合）しただけのモデリングで，閉じたままトングをしまうためのリングをつくり，とても便利になった。

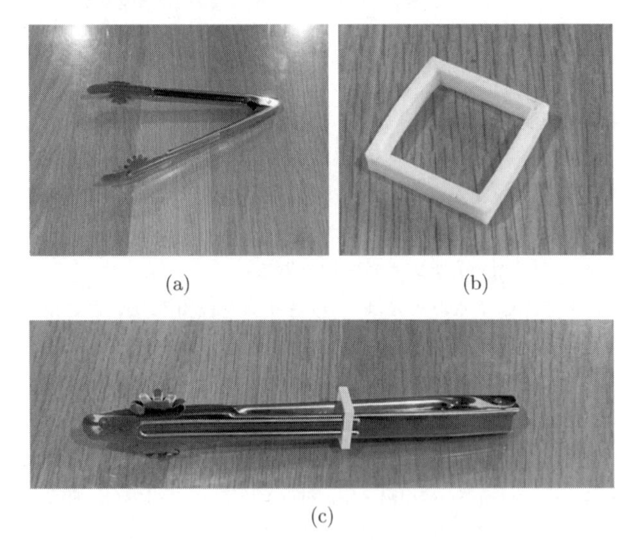

(a)　(b)

(c)

図 3　トングを収納しやすくするためのリング

●例 3：かき氷器の取手

愛用していた手動かき氷器の取手部分が壊れてしまったときも，3D プリンタを使って，つなぎになる部分を出力することで，まだまだ現役で活躍している（図 **4**）。

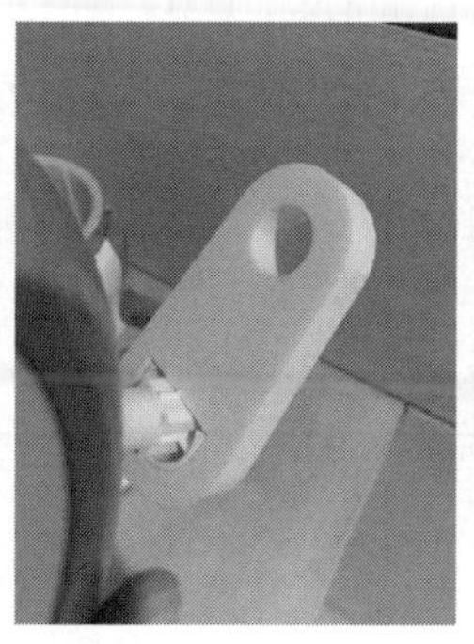

図 4　かき氷機の取手

●例 **4**：流しの下の空間利用

さらに，わが家には流しの下に開いている空間があり，もったいないと思っていたのだが，サイズを測って直方体の和集合でフックをつくり，布をぶらさげれば，ちょっとした軽いものであれば置ける空間が出来上がった。3D プリンタだけでなく，布や突っ張り棒と組み合わせた例である（図 **5**）。

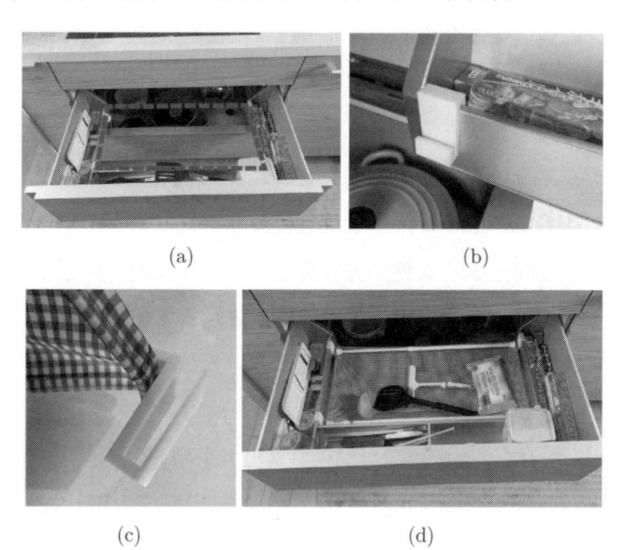

(a)　(b)

(c)　(d)

図 5　流しの下の無駄な空間に軽いものなら置けるスペースが出現

このように，家庭の中は，自分たち用にパーソナライズされた空間であり，市販品を買って人間がそれにあわせて生活するのではなく，自分たちにとって使いやすくするための工夫のしがいがある。自分の身長に合わせたデザイン，自宅の段差に合わせた家具。また，使い慣れた愛着のあるものを使い続けるために壊れた部品を修正したいといったこともあるだろう。

最初から全部をデザインしなくても，既製品と組み合わせたりして，オリジナルアレンジを楽しんでも良い。そんなファブリケーションの魅力を楽しんで欲しい。

4.10 むすびに

本章では 3D プリンタやカッティングプロッタ等のファブリケーションツールを軸にしながら，知識や経験を持たない初心者が自分のためにオリジナルなデザインを可能にする技術について紹介してきた。ここでは紹介しきれなかった多くの研究があるので，この分野をもっと知りたい人は，パーソナルファブリケーションについてまとめてあるサーベイ論文[21]をぜひ読んでみて欲しい。

本章では一般家庭が手に入れやすいといった観点でさまざまなツールを紹介したが，一方，何でもかんでも家にないとファブリケーションはできないのかというとそんなことはない。そもそも通常の（刺繍機能のない）ミシンは，かつては 1 家に 1 台あったのが，いまは必要なときだけレンタルしたり，使用可能な施設に行って使うような使い方も珍しくなくなった。いきなり 3D プリンタを購入するのではなく，まずは試しに施設に行って使ってみて，気に入って頻繁に使うようになったら自分でも購入，というので十分なのである。

素材とエレクトロニクスを組み合わせたファブリケーションも面白い。例えば，4.2 節で銀ナノインクを使ったプリンタ出力を紹介したが，紙でできた工芸品にエレクトロニクスを組み込むアプローチ[22]もある。図 **4.51** は，クラフトバンドを交互に直交して織り込むことによって形成されたランプである。このクラフトバンドの上に，導電性材料を印刷または転写することで導電層を形成

図 4.51　クラフトバンドにエレクトロニクスを組み込んだもの[22)]

することができる。これにより，物体の形状デザインの中に配線やセンサの配置を同時にデザインすることができるようになる。クラフトバンドでデザインした構造を利用して，センシング，ディスプレイ，サウンドアンプなどの機能を統合させることができるのである。こういったセンサやアクチュエータなどとの組合せについては，3 章を参照されたい。

表 4.1 に本章で紹介した手芸・工作・工芸等について，それぞれの初心者にとっての技術上の課題と計算機で支援する際の要素技術，参考文献についてまとめた。どれも初心者を対象にしていることから，設計インタフェースがわかりやすく工夫されている。

この章を読んだ読者が自分でデザインしてつくり出すことが面白いと思っていただけるきっかけになれば幸いであり，ファブリケーションの魅力に引き込まれる人が 1 人でも増えることを願っている。

表 4.1　本章で紹介したデザインと計算機による要素技術

対象とする手芸・工作・工芸等	初心者にとっての技術上の課題	要素技術	参考文献
ぬいぐるみ	3D 形状と 2D 平面のつながりが難しい	簡易物理シミュレーション展開アルゴリズム	1)
ポーチ	持っている布を使用したときの出来栄えがわかりづらい	画像処理 3D モデル生成	2)
電子回路	電子回路設計にコストが掛かり試行錯誤しづらい	銀ナノ粒子インク	3)
アクアビーズ	ビーズ同士が隣接するという制約で自由に描きたい	幾何学的な計算	4)
木目込み細工	伝統的なやり方だと失敗が許されない 3D プリンタを使って手軽に設計したい	画像処理 3D モデル生成	5)
射出整形	きちんと型抜きできるように分割したい	形状最適化	6)
管楽器	正しい音階が鳴ることを考慮した形状デザインは難しい	サウンドシミュレーション	7)
レーザーカッター工作	3D 形状をよく表す平面で設計は難しい	物理シミュレーション	8)
椅　子	自立して重さにも耐えられる設計は難しい	物理シミュレーション	9)
木箱工作	自立して重さにも耐えられる設計は難しい	物理シミュレーション	10)
ステンシル	1 枚につながるという制約付きで図柄をデザインするのは難しい	ラスタデータ・ベクトルデータのハイブリッド処理	11)
ペーパークラフト	3D 形状を歪みが少ない形で 2D 展開するための領域分割をするのは難しい	可展面，領域分割	12)
木工継ぎ手	切削装置の制約を考慮した設計は難しい	性能解析，加工可能解析	14)
カード織り	織物の知識がないと柄のデザインができない	モデル化，可視化	16)
ピクセルアート系手芸	製作時に間違えたときにその先をほどかずに再設計するには経験が必要	デザインの最適化	17)
3D ビーズ	ビーズとワイヤーで 3D 形状をデザインするには知識と経験が必要	ジェスチャーインタフェース，簡易物理シミュレーション，グラフ理論	18)
立体万華鏡	削ってしまうとやり直しが効かない	レイトレーシング	19)
ネックレス	つくりたいデザインが決まっていない	対話型進化計算	20)
紙バンドを利用した電子デバイス	電子回路と紙バンド設計の知識が必要	センサ配置を加味した形状デザイン	22)

引用・参考文献

1章

1) ホッド・リプソン，メルバ・カーマン著，斎藤隆央訳，田中浩也解説：2040年の新世界—3Dプリンタの衝撃，p. 451，東洋経済新報社 (2014)
2) 総務省情報通政策研究所：ファブ社会の基盤設計に関する検討会報告書（平成27年）
https://www.soumu.go.jp/main_content/000361195.pdf
3) 青木まゆみ：COVID-19下における3Dプリントによるフェイスシールド製造のムーブメントの調査，日本画像学会4DFFカンファレンス (2020)
4) 田中浩也，舘知宏：コンピュテーショナル・ファブリケーション，彰国社 (2020)
5) Japanese Wood Joint
https://www.thingiverse.com/thing:169723
6) George A. Popescu：Digital materials for digital fabrication (2008)
https://www.researchgate.net/publication/38002039_Digital_materials_for_digital_fabrication
7) Skylar Tibbits：From Digital Materials to Self-Assembly, Proceedings of the 100th Annual ACSA Conference, Boston, MA (2012)
8) 片倉徳男，高山百合子，古田敦史：サンゴ幼生の着床を目的としたモルタル製着床具の開発，大成建設技術センター第46号 (2013)
9) 所眞理雄（編著訳）ほか：オープンシステムサイエンス—原理解明の科学から問題解決の科学へ—，NTT出版 (2009)
10) 秋庭史典：新しい美学をつくる，みすず書房 (2011)
11) EUにおける「REVERSIBLE BUILDING DESIGN」プロジェクト
https://www.bamb2020.eu/toxpics/reversible-building-design/

2章

1) Y. Koyama：Introduction to Computational Design, in *Extended Abstracts of the 2021 CHI Conference on Human Factors in Computing Systems*, pp. 136:1–136:4 (2021)
2) Y. Koyama and T. Igarashi：Computational Design with Crowds, in A. Oulasvirta, P. O. Kristensson, X. Bi and A. Howes eds., *Computational Interaction*, chapter 6, pp. 153–184, Oxford University Press (2018)
3) 梅谷俊治：しっかり学ぶ数理最適化：モデルからアルゴリズムまで，講談社 (2020)

4) P. Virtanen, *et al.*：SciPy 1.0: Fundamental Algorithms for Scientific Computing in Python, *Nature Methods*, **17**, pp. 261–272 (2020)
5) C. Schumacher, J. Zehnder and M. Bächer：Set-in-Stone: Worst-Case Optimization of Structures Weak in Tension, *ACM Trans. Graph.*, **37**, 6 (2018)
6) O. Stava, J. Vanek, B. Benes, N. Carr and R. Měch：Stress Relief: Improving Structural Strength of 3D Printable Objects, *ACM Trans. Graph.*, **31**, 4 (2012)
7) L. Lu, A. Sharf, H. Zhao, Y. Wei, Q. Fan, X. Chen, Y. Savoye, C. Tu, D. Cohen-Or and B. Chen：Build-to-Last: Strength to Weight 3D Printed Objects, *ACM Trans. Graph.*, **33**, 4 (2014)
8) N. Umetani, Y. Koyama, R. Schmidt and T. Igarashi：Pteromys: Interactive Design and Optimization of Free-Formed Free-Flight Model Airplanes, *ACM Trans. Graph.*, **33**, 4, pp. 65:1–65:10 (2014)
9) M. Bächer, E. Whiting, B. Bickel and O. Sorkine-Hornung：Spin-It: Optimizing Moment of Inertia for Spinnable Objects, *ACM Trans. Graph.*, **33**, 4 (2014)
10) N. Umetani, A. Panotopoulou, R. Schmidt and E. Whiting：Printone: Interactive Resonance Simulation for Free-Form Print-Wind Instrument Design, *ACM Trans. Graph.*, **35**, 6 (2016)
11) Y. Koyama, S. Sueda, E. Steinhardt, T. Igarashi, A. Shamir and W. Matusik：AutoConnect: Computational Design of 3D-Printable Connectors, *ACM Trans. Graph.*, **34**, 6, pp. 231:1–231:11 (2015)
12) M. Bächer, B. Hepp, F. Pece, P. G. Kry, B. Bickel, B. Thomaszewski and O. Hilliges：DefSense: Computational Design of Customized Deformable Input Devices, in *Proc. CHI '16*, pp. 3806–3816 (2016)
13) M. Ogata and Y. Koyama：A Computational Approach to Magnetic Force Feedback Design, in *Proc. CHI '21*, pp. 284:1–284:12 (2021)
14) M. Ogata：Magneto-Haptics: Embedding Magnetic Force Feedback for Physical Interactions, in *Proc. UIST '18*, pp. 737–743 (2018)
15) E. Fujinawa, S. Yoshida, Y. Koyama, T. Narumi, T. Tanikawa and M. Hirose：Computational Design of Hand-Held VR Controllers Using Haptic Shape Illusion, in *Proc. VRST '17*, pp. 28:1–28:10 (2017)
16) Y. Yue, K. Iwasaki, B.-Y. Chen, Y. Dobashi and T. Nishita：Poisson-Based Continuous Surface Generation for Goal-Based Caustics, *ACM Trans. Graph.*, **33**, 3 (2014)
17) M. Piovarči, D. M. Kaufman, D. I. W. Levin and P. Didyk：Fabrication-in-the-Loop Co-Optimization of Surfaces and Styli for Drawing Haptics, *ACM Trans. Graph.*, **39**, 4 (2020)
18) A. Lagae, S. Lefebvre, G. Drettakis and P. Dutré：Procedural Noise Using Sparse Gabor Convolution, in *ACM SIGGRAPH 2009 Papers*, pp. 54:1–54:10

(2009)

19) S. Huber, R. Poranne and S. Coros：Designing Actuation Systems for Animatronic Figures via Globally Optimal Discrete Search, *ACM Trans. Graph.*, **40**, 4 (2021)

20) C. Schumacher, B. Bickel, J. Rys, S. Marschner, C. Daraio and M. Gross：Microstructures to Control Elasticity in 3D Printing, *ACM Trans. Graph.*, **34**, 4 (2015)

21) 大嶋泰介，五十嵐健夫，三谷純，田中浩也：Duktaの変形特性を用いた変形形状の対話的設計・製作システム，日本バーチャルリアリティ学会論文誌，**18**, 4, pp. 507–516 (2013)

22) P. Song, B. Deng, Z. Wang, Z. Dong, W. Li, C.-W. Fu and L. Liu：CofiFab: Coarse-to-Fine Fabrication of Large 3D Objects, *ACM Trans. Graph.*, **35**, 4, pp. 45:1–45:11 (2016)

23) M. Abdullah, R. Sommerfeld, L. Seidel, J. Noack, R. Zhang, T. Roumen and P. Baudisch：Roadkill: Nesting Laser-Cut Objects for Fast Assembly, in *Proc. UIST '21*, pp. 972–984 (2021)

24) G. T. Kao, A. Körner, D. Sonntag, L. Nguyen, A. Menges and J. Knippers：Assembly-aware design of masonry shell structures: a computational approach, in *Proc. IASS '17* (2017)

25) P. Herholz, W. Matusik and M. Alexa：Approximating Free-Form Geometry with Height Fields for Manufacturing, *Comput. Graph. Forum*, **34**, 2, pp. 239–251 (2015)

26) A. Muntoni, M. Livesu, R. Scateni, A. Sheffer and D. Panozzo：Axis-Aligned Height-Field Block Decomposition of 3D Shapes, *ACM Trans. Graph.*, **37**, 5, pp. 169:1–169:15 (2018)

27) J. Martínez, J. Dumas, S. Lefebvre and L.-Y. Wei：Structure and Appearance Optimization for Controllable Shape Design, *ACM Trans. Graph.*, **34**, 6, pp. 229:1–229:11 (2015)

28) Y. Koyama, I. Sato and M. Goto：Sequential Gallery for Interactive Visual Design Optimization, *ACM Trans. Graph.*, **39**, 4, pp. 88:1–88:12 (2020)

29) B. An, Y. Tao, J. Gu, T. Cheng, X. A. Chen, X. Zhang, W. Zhao, Y. Do, S. Takahashi, H.-Y. Wu, T. Zhang and L. Yao：Thermorph: Democratizing 4D Printing of Self-Folding Materials and Interfaces, in *Proc. CHI '18*, *Association for Computing Machinery*, pp. 260:1–260:12 (2018)

30) R. Guseinov, E. Miguel and B. Bickel：CurveUps: Shaping Objects from Flat Plates with Tension-Actuated Curvature, *ACM Trans. Graph.*, **36**, 4, pp. 64:1–64:12 (2017)

31) R. Guseinov, C. McMahan, J. Pérez, C. Daraio and B. Bickel：Programming temporal morphing of self-actuated shells, *Nature Communications*, **11**, 1, p. 237 (2020)

32) K. Narumi, K. Koyama, K. Suto, Y. Noma, H. Sato, T. Tachi, M. Sugimoto, T. Igarashi and Y. Kawahara：Inkjet 4D Print: Self-Folding Tessellated Origami Objects by Inkjet UV Printing, *ACM Trans. Graph.*, **42**, 4 (2023)
33) F. Laccone, L. Malomo, J. Pérez, N. Pietroni, F. Ponchio, B. Bickel and P. Cignoni：FlexMaps Pavilion: a twisted arc made of mesostructured flat flexible panels, in *Proc. CIMNE '19*, pp. 498–504 (2019)
34) Z. Wang, P. Song, F. Isvoranu and M. Pauly：Design and Structural Optimization of Topological Interlocking Assemblies, *ACM Trans. Graph.*, **38**, 6, pp. 193:1–193:13 (2019)
35) S. Ha, S. Coros, A. Alspach, J. Kim and K. Yamane：Computational co-optimization of design parameters and motion trajectories for robotic systems, *The International Journal of Robotics Research*, **37**, 13–14, pp. 1521–1536 (2018)

3 章

1) N. Gershenfeld：Fab: The Coming Revolution on Your Desktop–from Personal Computers to Personal Fabrication, Basic Books, Inc. (2007)
2) K. D. D. Willis, C. Xu, K.-J. Wu, G. Levin and M. D. Gross：Interactive fabrication: new interfaces for digital fabrication, in *Proc. TEI '11, Association for Computing Machinery*, pp. 69–72 (2010)
3) B. Shneiderman：Direct Manipulation: A Step Beyond Programming Languages, *IEEE COMPUTER*, **16**, 8, pp. 57–69 (1983)
4) S. Mueller, P. Lopes and P. Baudisch：Interactive construction: interactive fabrication of functional mechanical devices, in *Proc. UIST '12, Association for Computing Machinery*, pp. 599–606 (2012)
5) J. Yamaoka and Y. Kakehi：MiragePrinter: interactive fabrication on a 3D printer with a mid-air display, in *ACM SIGGRAPH 2016 Talks* (*SIGGRAPH '16*), *Association for Computing Machinery*, Article 82, pp. 1–2 (2016)
6) 苗村健：空中結像光学系を用いた現実拡張，映像情報メディア学会誌，**72**, 7, pp. 484–487 (2018)
7) A. Zoran and J. A. Paradiso：FreeD: a freehand digital sculpting tool, in *Proc. CHI '13, Association for Computing Machinery*, pp. 2613–2616 (2013)
8) M. M. Yamashita, J. Yamaoka and Y. Kakehi：enchanted scissors: a scissor interface for support in cutting and interactive fabrication, in *ACM SIGGRAPH 2013 Posters* (*SIGGRAPH '13*), *Association for Computing Machinery*, Article 33, p. 1 (2013)
9) H. Agrawal, J. Yamaoka and Y. Kakehi：(author)rise: Artificial Intelligence Output Via the Human Body, in *Proc. IUI '18 Companion, Association for Computing Machinery*, Article 20, pp. 1–2 (2018)
10) J. Yamaoka and Y. Kakehi：DePENd: augmented handwriting system us-

ing ferromagnetism of a ballpoint pen, in *Proc. UIST '13, Association for Computing Machinery*, pp. 203–210 (2013)

11) Carbon 3D：Carbon3D introduces CLIP, breakthrough technology for layerless 3D printing (2015)
https://www.carbon3d.com/news/press-releases/carbon3d-introduces-clip-breakthrough-technology-for-layerless-3d-printing/

12) M. Regehly, Y. Garmshausen, M. Reuter, N. F. König, E. Israel, D. P. Kelly, C.-Y. Chou, K. Koch, B. Asfari and S. Hecht：Xolography for linear volumetric 3D printing, *Nature*, 588, pp. 620–624 (2020)

13) S. Mueller, S. Im, S. Gurevich, A. Teibrich, L. Pfisterer, F. Guimbretière and P. Baudisch：WirePrint: 3D printed previews for fast prototyping, in *Proc. UIST '14, Association for Computing Machinery*, pp. 273–280 (2014)

14) S. Mueller, T. Mohr, K. Guenther, J. Frohnhofen and P. Baudisch：FaBrickation: fast 3D printing of functional objects by integrating construction kit building blocks, in *Proc. CHI '14, Association for Computing Machinery*, pp. 3827–3834 (2014)

15) D. Beyer, S. Gurevich, S. Mueller, H.-T. Chen and P. Baudisch：Platener: Low-Fidelity Fabrication of 3D Objects by Substituting 3D Print with Laser-Cut Plates, in *Proc. CHI '15, Association for Computing Machinery*, pp. 1799–1806 (2015)

16) 渡邊恵太，稲見昌彦，五十嵐健夫：LengthPrinter：実寸の長さを実体化する一次元プリンタ，第 20 回インタラクティブシステムとソフトウェアに関するワークショップ（WISS 2012），pp. 177–178 (2012)

17) H. Agrawal, U. Umapathi, R. Kovacs, J. Frohnhofen, H.-T. Chen, S. Mueller and P. Baudisch：Protopiper: Physically Sketching Room-Sized Objects at Actual Scale, in *Proc. UIST '15, Association for Computing Machinery*, pp. 427–436 (2015)

18) 辻村和正，中野太輔，筧康明：Linecraft 形状変化インタフェースの開発と利用をつなぐリサーチプロダクト，デザイン学研究作品集，**27**, 1, pp. 98–103 (2021)

19) 小林颯，山岡潤一，筧康明：WeightPrint：造形物の重さが設定できる 3D プリント手法の基礎検討，情報処理学会インタラクション 2016 予稿集，pp. 895–899 (2016)

20) J. Yamaoka and Y. Kakehi：ProtoMold: An Interactive Vacuum Forming System for Rapid Prototyping, in *Proc. CHI '17, Association for Computing Machinery*, pp. 2106–2115 (2017)

21) H. Sareen, U. Umapathi, P. Shin, Y. Kakehi, J. Ou, H. Ishii and P. Maes：Printflatables: Printing Human-Scale, Functional and Dynamic Inflatable Objects, in *Proc. CHI '17, Association for Computing Machinery*, pp. 3669–3680 (2017)

22) T. Hasegawa and Y. Kakehi：Single-Stroke Structures (2016)

https://xlab.iii.u-tokyo.ac.jp/projects/single-stroke-structures/

23) T. Murayama, J. Yamaoka and Y. Kakehi：Reflatables: A Tube-based Reconfigurable Fabrication of Inflatable 3D Objects, in *Extended Abstracts of the 2020 CHI Conference on Human Factors in Computing Systems* (*CHI EA '20*), *Association for Computing Machinery*, pp. 1–8 (2020)

24) R. Suzuki, J. Yamaoka, D. Leithinger, T. Yeh, M. D. Gross, Y. Kawahara and Y. Kakehi：Dynablock: Dynamic 3D Printing for Instant and Reconstructable Shape Formation, in *Proc. UIST '18*, *Association for Computing Machinery*, pp. 99–111 (2018)

25) S. Tibbits：4D Printing: Multi-Material Shape Change, *Architectural Design*, **84**, 1, pp. 116–121 (2014)

26) V. Kan, E. Vargo, N. Machover, H. Ishii, S. Pan, W. Chen and Y. Kakehi：Organic Primitives: Synthesis and Design of pH-Reactive Materials using Molecular I/O for Sensing, Actuation, and Interaction, in *Proc. CHI '17*, *Association for Computing Machinery*, pp. 989–1000 (2017)

27) H. Kaimoto, J. Yamaoka, S. Nakamaru, Y. Kawahara and Y. Kakehi：ExpandFab: Fabricating Objects Expanding and Changing Shape with Heat, in *Proc. TEI '20*, *Association for Computing Machinery*, pp. 153–164 (2020)

28) Y. Nishihara and Y. Kakehi：Magashi: Fabrication of Shape-Changing Edible Structures by Extrusion-Based Printing and Baking, in *Creativity and Cognition* (*C&C '21*), *Association for Computing Machinery*, Article 44, p. 1 (2021)

29) K. W. Song and E. Paulos：Unmaking: Enabling and Celebrating the Creative Material of Failure, Destruction, Decay, and Deformation, in *Proc. CHI '21*, *Association for Computing Machinery*, Article 429, pp. 1–12 (2021)

30) K. Lindström and Å. Ståhl：Un/Making in the Aftermath of Design, in *Proc. PDC '20*, *Association for Computing Machinery*, pp. 12–21 (2020)

31) 伊達亘，西原由実，筧康明：PaperPrinting—紙のデジタルファブリケーションとデザイン—，日本画像学会，The Journal of 4D and Functional Fabrication (1), pp. 18–26 (2020)

32) I. E. Sutherland：The Ultimate Display, in *Proc. IFIP Congress*, pp. 506–508 (1965)

33) J. Alexander, A. Roudaut, J. Steimle, K. Hornbæk, M. B. Alonso, S. Follmer and T. Merritt：Grand Challenges in Shape-Changing Interface Research, in *Proc. CHI '18*, *Association for Computing Machinery*, Paper 299, pp. 1–14 (2018)

34) H. Iwata, H. Yano, F. Nakaizumi and R. Kawamura：Project FEELEX: adding haptic surface to graphics, in *Proc. SIGGRAPH '01*, *Association for Computing Machinery*, pp. 469–476 (2001)

35) H. Iwata, H. Yano and N. Ono：Volflex, in *ACM SIGGRAPH 2005 Emerg-*

ing technologies (SIGGRAPH '05), *Association for Computing Machinery*, Article 31 (2005)

36) M. Nakatani, H. Kajimoto, K. Vlack, D. Sekiguchi, N. Kawakami and S. Tachi : Control Method for a 3D Form Display with Coil-type Shape Memory Alloy, in *Proc. ICRA '05*, pp. 1332–1337 (2005)

37) H. Ishii and B. Ullmer : Tangible bits: towards seamless interfaces between people, bits and atoms, in *Proc. CHI '97*, *Association for Computing Machinery*, pp. 234–241 (1997)

38) B. Schneider, P. Jermann, G. Zufferey and P. Dillenbourg : Benefits of a Tangible Interface for Collaborative Learning and Interaction, in *IEEE Transactions on Learning Technologies*, **4**, 3, pp. 222–232 (2011)

39) S. Brave, H. Ishii and A. Dahley : Tangible interfaces for remote collaboration and communication, in *Proc. CSCW '98*, *Association for Computing Machinery*, pp. 169–178 (1998)

40) ソニー・インタラクティブエンタテインメント toio
https://toio.io/

41) R. Vertegaal and I. Poupyrev : Organic User Interfaces, *Commun. ACM*, **51**, 6, pp. 26–30 (2008)

42) H. Ishii, D. Lakatos, L. Bonanni and J.-B. Labrune : Radical atoms: beyond tangible bits, toward transformable materials, *interactions*, **19**, 1, pp. 38–51 (2012)

43) J. Lee, R. Post and H. Ishii : ZeroN: mid-air tangible interaction enabled by computer controlled magnetic levitation, in *Proc. UIST '11*, *Association for Computing Machinery*, pp. 327–336 (2011)

44) S. Follmer, D. Leithinger, A. Olwal, A. Hogge and H. Ishii : InFORM: dynamic physical affordances and constraints through shape and object actuation, in *Proc. UIST '13*, *Association for Computing Machinery*, pp. 417–426 (2013)

45) T. Toffoli and N. Margolus : Programmable matter: Concepts and realization, *Physica D: Nonlinear Phenomena*, **47**, 1–2, pp. 263–272 (1991)

46) S. C. Goldstein, J. D. Campbell and T. C. Mowry : Programmable matter, *IEEE Computer*, **38**, 6, pp. 99–101 (2005)

47) D. Rozin : Mechanical Mirrors
https://www.smoothware.com/danny/

48) ART+COM : KINETIC SCULPTURE — THE SHAPES OF THINGS TO COME (2008)
https://artcom.de/en/?project=kinetic-sculpture

49) M. K. Rasmussen, E. W. Pedersen, M. G. Petersen and K. Hornbæk : Shape-changing interfaces: a review of the design space and open research questions, in *Proc. CHI '12*, *Association for Computing Machinery*, pp. 735–744 (2012)

50) T. Matsunobu and Y. Kakehi：Coworo (2018)
https://xlab.iii.u-tokyo.ac.jp/projects/coworo/
51) K. Minamizawa, Y. Kakehi, M. Nakatani, S. Mihara and S. Tachi：TECHTILE toolkit: a prototyping tool for designing haptic media, in *ACM SIGGRAPH 2012 Emerging Technologies* (*SIGGRAPH '12*), *Association for Computing Machinery*, Article 22 (2012)
52) J. Fujii, S. Nakamaru and Y. Kakehi：LayerPump: Rapid Prototyping of Functional 3D Objects with Built-in Electrohydrodynamics Pumps Based on Layered Plates, in *Proc. TEI '21*, *Association for Computing Machinery*, Article 48, pp. 1–7 (2021)
53) J. Fujii, T. Matsunobu and Y. Kakehi：COLORISE: Shape- and Color-Changing Pixels with Inflatable Elastomers and Interactions, in *Proc. TEI '18*, *Association for Computing Machinery*, pp. 199–204 (2018)
54) R. Sakura, C. Han, K. Watanabe, R. Yamamura and Y. Kakehi：Design of 3D-Printed Soft Sensors for Wire Management and Customized Softness, in *Extended Abstracts of the 2022 CHI Conference on Human Factors in Computing Systems* (*CHI EA '22*), *Association for Computing Machinery*, Article 192, pp. 1–5 (2022)
55) Ars Electronica Futurelab：Drone 100 (2015)
https://ars.electronica.art/aeblog/en/2016/01/12/drone100/
56) Y. Uno, H. Qiu, T. Sai, S. Iguchi, Y. Mizutani, T. Hoshi, Y. Kawahara, Y. Kakehi and M. Takamiya：Luciola: A Millimeter-Scale Light-Emitting Particle Moving in Mid-Air Based On Acoustic Levitation and Wireless Powering, in *Proc. ACM Interact. Mob. Wearable Ubiquitous Technol.*, **1**, 4, Article 166 (December 2017), pp. 1–17 (2018)
57) D. R. Sahoo, T. Nakamura, A. Marzo, T. Omirou, M. Asakawa and S. Subramanian：JOLED: A Mid-air Display based on Electrostatic Rotation of Levitated Janus Objects, in *Proc. UIST '16*, *Association for Computing Machinery*, pp. 437–448 (2016)
58) P. Strohmeier, J. P. Carrascal, B. Cheng, M. Meban and R. Vertegaal：An Evaluation of Shape Changes for Conveying Emotions, in *Proc. CHI '16*, *Association for Computing Machinery*, pp. 3781–3792 (2016)
59) H. Tan, J. Tiab, S. Šabanović and K. Hornbæk：Happy Moves, Sad Grooves: Using Theories of Biological Motion and Affect to Design Shape-Changing Interfaces, in *Proc. DIS '16*, *Association for Computing Machinery*, pp. 1282–1293 (2016)
60) I. P. S. Qamar, R. Groh, D. Holman and A. Roudaut：HCI meets Material Science: A Literature Review of Morphing Materials for the Design of Shape-Changing Interfaces, in *Proc. CHI '18*, *Association for Computing Machinery*, Paper 374, pp. 1–23 (2018)

61) Open Soft Machines
https://opensoftmachines.com/
62) Y. ah Soong, H. Sugihara, R. Niiyama, Y. Kakehi and Y. Kawahara：Workshop Design for Hands-on Exploration Using Soft Robotics and Onomatopoeia, *IEEE Pervasive Computing*, **19**, 1, pp. 52–61 (2020)
63) ティム・インゴルド，金子遊，水野友美子，小林耕二：メイキング人類学・考古学・芸術・建築，左右社 (2017)
64) LIA：Filament Sculptures (2014)
https://www.liaworks.com/theprojects/filament-sculptures/
65) J. Ou, G. Dublon, C.-Y. Cheng, F. Heibeck, K. Willis and H. Ishii：Cilllia: 3D Printed Micro-Pillar Structures for Surface Texture, Actuation and Sensing, in *Proc. CHI '16*, *Association for Computing Machinery*, pp. 5753–5764 (2016)
https://doi.org/10.1145/2858036.2858257
66) H. Takahashi and H. Miyashita：Expressive Fused Deposition Modeling by Controlling Extruder Height and Extrusion Amount, in *Proc. CHI '17*, *Association for Computing Machinery*, pp. 5065–5074 (2017)
https://doi.org/10.1145/3025453.3025933

4章

1) Y. Mori and T. Igarashi：Plushie: An Interactive Design System for Plush Toys, ACM Transactions on Graphics, in *Proc. SIGGRAPH '07*, **26**, 3, pp. 45:1–8 (2007)
2) Y. Ikeda and Y. Igarashi：Podiy: a system for design and production of pouches by novices, *IEEE Computer Graphics and Applications*, **42**, 2, pp. 81–88 (2022)
3) Y. Kawahara, S. Hodges, B. S. Cook, C. Zhang and G. D. Abowd：Instant inkjet circuits: lab-based inkjet printing to support rapid prototyping of UbiComp devices, in *Proc. UbiComp '13*, pp. 363–372 (2013)
4) 橋本怜実，五十嵐悠紀：アクアビーズのためのデザインシステム，情報処理学会インタラクション 2017 (2017)
5) 伊藤謙祐，五十嵐悠紀：木目込み細工デザイン支援システム，画像電子学会論文，**49**, 4, pp. 315–325 (2020)
6) K. Nakashima, T. Auzinger, E. Iarussi, R. Zhang, T. Igarashi and B. Bickel：CoreCavity: Interactive Shell Decomposition for Fabrication with Two-Piece Rigid Molds, *ACM Tran. Graph.* (*SIGGRAPH 2018*), **37**, 4, pp. 135:1–135:13 (2018)
7) N. Umetani, A. Panotopoulou, R. Schmidt and E. Whiting：Printone: Interactive Resonance Simulation for Free-form Print-wind Instrument Design, *ACM Trans. Graphi.* (*SIGGARPH Asia 2016*), **36**, 6, Article 184, pp. 1–14

(2016)

8) J. McCrae, N. Umetani and K. Singh：FlatFitFab: interactive modeling with planar sections, in *Proc. UIST '14*, pp. 13–22 (2014)

9) G. Saul, M. Lau, J. Mitani and T. Igarashi：SketchChair: An All-in-one Chair Design System for End-users, in *Proc. the fifth International conference on Tangible, Embedded and Embodied Interaction* (*TEI '11*), pp. 23–26 (2011)

10) P. Baudisch, A. Silber, Y. Kommana, M. Gruner, L. Wall, K. Reuss, L. Heilman, R. Kovacs, D. Rechlitz and T. Roumen：Kyub: a 3D Editor for Modeling Sturdy Laser-Cut Objects, in *Proc. CHI '19*, pp. 1–12 (2019)

11) Y. Igarashi and T. Igarashi：Holly: A Drawing Editor for Designing Stencils, IEEE Computer Graphics and Applications, **30**, 4, pp. 8–14 (2010)

12) J. Mitani and H. Suzuki：Making Papercraft Toys from Meshes using Strip-based Approximate Unfolding, *ACM Trans. Graph.*, **23**, 3, pp. 259–263 (2004)

13) Tama Software Ltd. ぺパクラデザイナー
https://tamasoft.co.jp/pepakura/

14) M. Larsson, H. Yoshida, N. Umetani and T. Igarashi：Tsugite: Interactive Design and Fabrication of Wood Joints, in *Proc. ACM UIST '20*, pp. 317–327 (2020)

15) Brother「刺繍 PRO」

16) Y. Igarashi and J. Mitani：Weavy: Interactive Card-Weaving Design and Construction, *IEEE Computer Graphics and Applications*, **34**, 4, pp. 22–29, July-Aug. (2014)

17) Y. Igarashi and T. Igarashi：Pixel Art Adaptation for Handicraft Fabrication, Computer Graphics Forum, in *Proc. Pacific Graphics '22*, **41**, 7 (2022)

18) Y. Igarashi, T. Igarashi and J. Mitani：Beady: Interactive Beadwork Design and Construction, *ACM Trans. Graph.*, in *Proc. SIGGRAPH '12*, **31**, 4, Article 49 (2012)

19) 本間梨々花，越後宏紀，五十嵐悠紀：RePoKaScope：立体万華鏡のためのデザイン支援システム，芸術科学会論文，**21**, 2, pp. 65–76 (2022)

20) 五十嵐悠紀，檜山翼，荒川薫：ネックレスデザインのためのインタラクティブシステム，画像電子学会誌，**45**, 3, pp. 350–358 (2016)

21) P. Baudisch and S. Mueller：Personal Fabrication, Foundations and Trends® in Human–Computer Interaction, **10**, 3–4, pp. 165–293 (2017)

22) K. Kato, K. Ikematsu, Y. Igarashi and Y. Kawahara：Paper-Woven Circuits: Fabrication Approach for Papercraft-based Electronic Devices, *TEI '22: Sixteenth International Conference on Tangible*, Article 29, pp. 1–11 (2022)

索　　引

編者・著者略歴

三谷　純（みたに　じゅん）
1998年　東京大学工学部精密機械工学科卒業
2000年　東京大学大学院工学系研究科修士課程修了（情報工学専攻）
2000年　ピー・アイ・エム株式会社勤務
2000年　ヤフー株式会社勤務
2004年　博士（工学）（東京大学）
2004年　独立行政法人理化学研究所勤務
2005年　筑波大学講師
2009年　筑波大学准教授
2015年　筑波大学教授
現在に至る

田中　浩也（たなか　ひろや）
1998年　京都大学総合人間学部基礎科学科卒業
2000年　京都大学人間環境学研究科修士課程修了
2003年　東京大学大学院工学系研究科博士課程修了（社会基盤工学専攻）
博士（工学）
2004年　東京大学生産技術研究所助手
2005年　慶應義塾大学講師
2008年　慶應義塾大学准教授
2016年　慶應義塾大学教授
現在に至る

小山　裕己（こやま　ゆうき）
2012年　東京大学理学部情報科学科卒業
2014年　東京大学大学院情報理工学系研究科修士課程修了（コンピュータ科学専攻）
2017年　東京大学大学院情報理工学系研究科博士課程修了（コンピュータ科学専攻）
博士（情報理工学）
2017年　産業技術総合研究所研究員
2022年　産業技術総合研究所主任研究員
現在に至る

筧　康明（かけひ　やすあき）
2002年　東京大学工学部電子情報工学科卒業
2004年　東京大学大学院学際情報学府修士課程修了（学際情報学専攻）
2007年　東京大学大学院学際情報学府博士課程修了（学際情報学専攻）
博士（学際情報学）
2008年　慶應義塾大学講師
2011年　慶應義塾大学准教授
2018年　東京大学准教授
2022年　東京大学教授
現在に至る

五十嵐　悠紀（いがらし　ゆき）
2005年　お茶の水女子大学理学部情報科学科卒業
2007年　東京大学大学院情報理工学系研究科修士課程修了（コンピュータ科学専攻）
2010年　東京大学大学院工学系研究科博士課程修了（先端学際工学専攻）
博士（工学）
2010年　日本学術振興会特別研究員 PD
2013年　日本学術振興会特別研究員 RPD
2015年　明治大学専任講師
2018年　明治大学専任准教授
2022年　お茶の水女子大学准教授
現在に至る

デジタルファブリケーションとメディア
Digital Fabrication and Media

2024 年 5 月 10 日　初版第 1 刷発行 ★

検印省略

編　者	三　谷　　純
著　者	田　中　浩　也
	小　山　裕　己
	筧　　康　明
	五十嵐　悠　紀

発行者	株式会社　コロナ社
	代表者　牛来真也
印刷所	三美印刷株式会社
製本所	株式会社　グリーン

112–0011　東京都文京区千石 4–46–10
発行所　株式会社　コロナ社
CORONA PUBLISHING CO., LTD.
Tokyo Japan
振替 00140–8–14844・電話(03)3941–3131(代)
ホームページ　https://www.coronasha.co.jp

ISBN 978–4–339–01376–4　C3355　Printed in Japan　(松岡)